建筑施工从业人员体验式
安全教育培训教材
（第二版）

北京天恒安科集团有限公司　主编

中国建筑工业出版社

图书在版编目（CIP）数据

建筑施工从业人员体验式安全教育培训教材／北京天恒安科集团
有限公司主编．—2版．— 北京：中国建筑工业出版社，2019.6（2023.10重印）
ISBN 978-7-112-23649-7

Ⅰ．①建…　Ⅱ．①北…　Ⅲ．①建筑施工–安全培训–教材
Ⅳ．① TU714

中国版本图书馆 CIP 数据核字（2019）第 075360 号

　　本书第二版是在第一版的基础上，根据近年来建筑施工体验式安全培训的实践需要
修订而成的，其内容包括：概述、个人安全防护体验、建筑施工机械体验、建筑施工临
时用电体验、消防安全体验、建筑施工高处作业体验、VR 技术在建筑安全教育培训中的
应用及建筑施工安全事故案例警示等。
　　本书可作为体验式建筑施工安全培训教材使用，也可供相关从业人员使用。

责任编辑：范业庶　张　磊　王华月
责任校对：王　瑞

建筑施工从业人员体验式安全教育培训教材
（第二版）
北京天恒安科集团有限公司　主编

*

中国建筑工业出版社出版、发行（北京海淀三里河路9号）
各地新华书店、建筑书店经销
北京建筑工业印刷厂制版
北京中科印刷有限公司印刷

*

开本：787×960毫米　1/16　印张：8　字数：155千字
2019年 5 月第二版　　2023年10月第三次印刷
定价：**60.00**元
ISBN 978-7-112-23649-7
（33698）

编写委员会

序

随着社会对安全问题的管护日益增强和人们安全意识的不断提升，安全生产宣传教育的重要性凸显。体验式安全教育培训相比传统的说教式安全教育有着无可比拟的优势，能够全方位、多角度、立体化地模拟施工现场存在的危险源和可能导致的生产安全事故，让体验者亲身体验不安全操作行为和设备、设施缺陷所带来的危害，大幅提升培训效果。北京市住房和城乡建设委员会（简称北京市住建委）自2016年以来，连续三年颁布了体验式安全培训教育的相关要求及管理办法，明确要求在北京市行政区域内全面推行体验式安全培训教育。

北京天恒安科安全培训中心是北京市住建委公布的首批五家体验培训基地之一，现有建筑体验式安全培训场馆4个。自2014年正式运营以来，中心已累计培训近15万人次，积累了丰富的安全体验培训经验。同时受到了社会各界的高度关注，接待前来参观、考察、调研的团队五千多人次；多次承办国家级的大型安全主题活动，巨大的示范效应对整个社会的安全事业发展产生了积极影响。

在北京市住建委、北京副中心建设指挥部、大兴区住建委的大力支持下，编写组在调研多个体验式培训机构的基础上，组织编制了本教材，旨在推动体验式安全教育培训行业的有序发展，提高体验式培训讲师的综合素质和技术水平。

第二版前言

本书第二版是在第一版的基础上，根据近年来建筑施工体验式安全培训的实践需要修订而成的。修订时保持了原书中针对各个体验项目的体验流程及注意事项的简明流畅的编写风格，但对其他内容作了较大改动，以更适合于建筑施工从业人员使用。教材整体内容符合北京市住房和城乡建设委员会颁布的《关于推广体验式安全培训教育的通知》（京建发〔2016〕73 号）及《北京市建筑施工项目从业人员体验式安全培训教育管理办法（试行）》（京建法〔2018〕4 号）等相关规定。本书可作为建筑施工从业人员体验式安全教育培训教材使用，也可供相关从业人员使用。

本次修订的主要内容有以下几个方面：

（1）根据体验式安全培训的实际情况及体验产品的增加，对教材整体框架结构作了些调整，主要有：将有限空间体验、搬运重物体验调整到个人安全防护体验中，在施工机械体验章节增加了电焊作业体验和吊篮作业体验，在消防安全体验中增加了火灾隐患查找及模拟 119 报警等。

（2）对原书中各个体验项目的理论阐述均做了较大程度的精简，只保留了与体验项目相关的重要内容以体验知识点的形式写在各体验项目对应的位置，删除了一些繁琐的理论阐述，这样更适合于建筑施工从业人员当作培训教材使用。

（3）针对各个体验项目，增加了培训策略这方面内容，主要是指导培训师在体验式安全教育培训过程中，如何以更有效的方式让学员真正体会到体验过程中的一些最真实的感受。

（4）针对各个体验项目，增加了相应的考核内容，包括填空题、选择题、判断题和简答题。

本书第二版的修订由北京天恒安科集团有限公司组织，使用本书第一版的北京天恒安科培训基地的同仁，也对本书的改善和提高提出了不少有益的建议。所有这些意见和建议均对本书第二版的定稿提供了重要的支持。另外，书中部分现场照片来自于新闻媒体的官方网站。在此，一并向他们表示衷心的感谢。

限于编者水平，书中不足之处，欢迎读者批评指正。

2018 年 12 月

第一版前言

　　建筑业由于其独特的性质而被认为是世界上高风险的行业。据国际劳工组织（ILO）统计，全球每分钟有 6 人死于职业安全事故，其中 4 人死于建筑业。目前我国正在进行历史上同时也是世界上最大规模的基础建设，2016 年建筑业总产值 19 万亿元，从业人数达到 5185 万人。如此巨大的工程建设规模和庞大的从业人员数量使得安全生产形势异常严峻，2016 年我国建筑业发生死亡事故 3523 起，死亡 3806 人，比 2015 年分别上涨 133% 和 109%，保持了多年的事故呈连续下降的态势被打破。与此同时，造成重大人员伤亡和社会影响的重特大伤亡事故并没有从根本上得到遏制，如 2016 年江西丰城电厂"11·24"事故（74 人遇难）。

　　事故致因理论和大量建筑伤亡事故案例分析表明，事故主要原因是由人的不安全行为造成的。近年来我国所发生的建筑施工生产安全事故中，其伤亡人员主要是在一线从事施工作业的劳务人员，由于缺乏相应的安全教育培训，安全意识淡薄，对于伤害发生的各种条件和原因认识不足，且缺乏必要的安全防护与救护知识，不知道如何自我防护，进城务工劳务人员成为建筑伤亡事故伤害的主要对象。因此，加强建筑安全教育培训工作，创新建筑安全教育培训方式，不断提升施工人员特别是农民工的安全素质，是强化建筑安全管理的基础性工作，也是消除施工安全隐患、防范施工伤亡事故的重要途径，对于构建社会主义和谐社会，促进建筑业的健康发展具有重要意义。

　　近些年来，各级政府主管部门和广大建筑施工企业高度重视建筑安全教育培训工作，在实践中已形成了一些行之有效的做法，如三级安全教育、入场安全教育、班前安全教育、新职工岗前教育、师父带徒弟、农民工业余学校等，对于预防和减少建筑施工伤亡事故发挥了重要作用。

　　但是，当前在建筑安全教育培训工作中仍然存在着诸多问题，最为普遍和突出的就是建筑安全教育培训方式总体上仍然比较落后，主要采取课堂说教为主，而忽视身感体验，甚至由于工期投入等方面的因素搞形式主义走过场，难以激发起施工人员学习的热情和自觉性，致使一些建筑安全教育培训的收效甚微，无法使安全防范意识和安全专业知识深入到每一个接受教育培训的施工人员心里。尤其绝大多数一线农民工对危险认知程度较低，安全意识十分淡薄，可谓"无知者无畏"，在施工现场违章作业和违反劳动纪律现象普遍存在，给建筑施工安全生产带来极大隐患。因此，在大力推进建筑施工企业安全教育培训主体责任落实的同时，如何有效创新建筑安全教育培训方式，努力提高建筑安全教育培训工作的针对性和实效性，让施工一线人员具备"敬畏生命"的安全意识，已成为摆在广大建筑施工企业和各级政府主管部门面前的一个大问题，它将直接影响到建筑施工安全生产管理水平的进一步提升，关系到建筑施工伤亡事故的有效防控，亟待我们花工夫、下力气去加以研究和解决。

2012年国务院颁发了《国务院安委会关于进一步加强安全培训工作的决定》（安委［2012］10号），其中明确指出，"重点建设一批具有仿真、体感、实操特色的示范培训机构。"目前，在各级住房城乡建设主管部门的指导下，通过许多建筑施工企业的努力，各类体验式的建筑安全教育培训已在我国逐步兴起，并得到快速发展。体验式安全教育培训主要是针对施工现场存在的主要危险源与多发性事故，采用动感、实感、模拟的形象化教育，示范正确的操作方法，纠正错误的操作动作，融知识性、趣味性和专业性于一体，以最直接的视觉、听觉和触觉让受训人员进行亲身体验和心灵感悟，以更好地提高一线作业人员对安全教育培训的认知度和参与性，让一线作业人员的安全意识在短时间内得到最大程度的提高，并掌握安全操作技能、安全防范知识和必要的安全救护知识。体验式的建筑安全教育培训，打破了传统的口号式、填鸭式的安全教育培训模式，通过视觉、听觉、语言、动态动作等表现方法，让施工人员亲自参与体验，亲身受到感悟，提高了建筑安全教育培训的效率和质量，在实践中收到了好的效果。

实践证明，体验式建筑安全教育培训同传统的教育培训方式相比，确实有着许多独具的优势。但是，目前这种方式在体验培训过程中尚没有统一的培训标准，由于缺乏标准的培训教材，安全体验基地的指导老师无法经过系统培训，再加上实际体验培训过程中受现场间接人员的知识能力等方面影响，讲解水平参差不齐，有些讲解不当甚至影响了体验式教育培训效果。因此，在目前体验式安全教育培训快速发展的势头下，迫切需要高水平的培训教材以使得体验式安全教育培训更好地发挥其应有的作用。

本教材由北京城市副中心行政办公区工程建设办公室组织编写，以北京城市副中心工程安全体验中心的体验项目以及运行过程中的资料和数据为基础，参考了大量国内典型事故案例及最新建筑安全技术标准规范，完成了《建筑施工从业人员体验式安全教育培训教材》及《建筑施工从业人员体验式安全教育培训考核手册》。

感谢首都经济贸易大学建设安全研究中心为本教材提供了大量事故案例及相关资料和数据，感谢北京天恒建设工程有限公司（北京城市副中心工程安全体验中心投资建设运营方）在体验教育技术和装备方面给予的大力支持，感谢中国建筑一局、中国建筑二局等广大建筑施工企业和项目的大力配合。

本教材编写过程中参阅了大量文献，在此对文献的作者表示感谢！

体验式安全教育培训在我国尚处于起步发展阶段，尽管我们不懈追求，付出了艰辛的努力，但由于编写水平和时间有限，本教材一定存在不足之处，热切地希望建筑业各界人士批评指正并提出宝贵意见。

目　　录

第一章 概 述

第一节 体验式安全教育培训的概念

一、体验式教育培训

体验式培训又称拓展训练，是指利用自然环境和人工搭建的设施，将各种深奥的管理理念和理论，通过精心设计的情景式、模拟式、互动式的科目予以表现和体现，让参训者通过有趣的游戏、身体的磨砺等身心感受的方式来应对问题和解决问题，并经过活动（体验）→表达→理论→应用→活动（体验）依次循环的培训模式，达到"领会知识、提高技能、增强意识"的培训目的。

体验式培训的过程如图 1-1 所示。体验者通过体验真实情景，来获得真实情景中所感受到的东西，然后通过体验过后的思考，把理论或成果总结出来，最后在实际中去应用这些理论或成果，来掌握技能、学到知识，从而改变态度和行为。

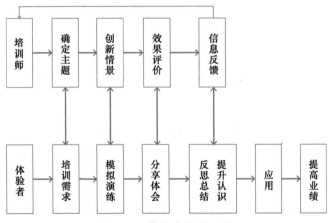

图 1-1　体验式培训过程

体验式安全培训是体验式培训在安全培训方面的运用和拓展，在培训过程中将各种自然灾害、安全隐患、违章作业、事故回溯等呈现或再现，让学员通过参与式、互动式教学方法，在模拟或真实的环境中亲身感受和体验灾害、违章、事故产生的后果，从感性上加深对安全重要性的认识，最终由学员主动找出存在的问题，对问题引发的后果有更深入的理解，从而使员工获得或改进与安全工作有关的知识、技能、态度、行为，以增强培训效果。

二、体验式教育培训的特征

（1）以学员为中心

体验式培训的主体是学员，学员可自己尽情表现和相互沟通。培训师作为组织者和指引者，提倡学员自主学习和自由探索追求，尽可能最大程度提升学员参与学习的积极性，合理有效地将学员的学习态度从"要我学"转变为"我要学"。

（2）以具体活动为背景

体验式培训是在一种真实情景或接近真实情景环境中进行的。通过合理设计活动，能够大大加强学员的参与意识，指引学员使用多种感官去感受真实情景中的事物，让学员受到多感官的、强烈的刺激，进而产生真实的体验。

（3）以亲身体验为手段

在体验式培训过程中，学员要亲身融入各个具体体验活动中，用自己的形体去感受，用自己的大脑去体会。这样才能深刻地体会到其中的道理，从而提高或改进自身的知识、技能、态度、行为。

（4）强调回顾和反思

体验式培训的最终目的，是让学员在参与体验活动中或活动后主动去体会、去反思。体验式培训就是回顾和反思的这样一个循环的学习过程，这种回顾和反思不仅仅是学员在真实情景中产生的某种想象，也是在脱离真实情景后的反思和感悟。

（5）培训效果深刻

体验式培训的培训效果比传统的培训效果更深刻，更持久。因为在这种培训模式下，学员所获得的成果是通过自己亲身体验、自己反思、相互交流得到的。

（6）效果具有个体差异性

由于参与学员在知识、经验、价值观等方面具有差异性，在进行体验式培训时，每个学员都会以自己所了解的方式、过去的经历、价值取向等去体会和感受所经历的体验，因此参与体验式培训的个体在知识、技能、态度、行为等方面的改变程度也就存在差异。

（7）以应用为目的

体验式培训的目标是把真正学到的知识与技能应用到今后的实际生活中，这与以掌握知识为目的的传统培训模式是不同的。

第二节　体验式教育培训与传统方式的区别

体验式培训模式的中心是学员，而传统培训模式的中心是教师，这就是两种培训方式之间最根本的区别。传统培训模式是"我听"、"我看"，而体验式培训的模式是"我去做并分享"，也就是让接受培训的学员真正参与进来，具有切身感受和效果持久两大优势。可以用表 1-1 来总结两者的区别。

体验式培训与传统培训的区别 表 1-1

特征 \ 类型	体验式培训	传统培训
培训内容	现实性较强、具有切身感受、记忆深刻	理论性、通过讲述和各种展示、效率低、不易接受
培训方式	双方互动、寓教于乐，形式灵活、个性化	填鸭式教育，形式单调、千篇一律
学习方式	体验、领悟并转化	记忆为主
培训目的	心态、信念、技能、知识	知识、技能
中心维度	以学员为中心	以培训师为中心
培训效果	立竿见影、效果持久	见效慢、易忘

第三节 体验式安全教育培训的发展概况

《国务院安委会关于进一步加强安全培训工作的决定》（安委〔2012〕10 号）中指出，"重点建设一批具有仿真、体感、实操特色的示范培训机构"。目前，在各级住房城乡建设主管部门的指导下，各类体验式建筑安全教育培训已在我国逐步兴起，并得到快速发展。

一、北京市体验式建筑安全教育培训的兴起

2016 年 3 月 10 日，北京市住房城乡建设委员会颁布了《关于推广体验式安全培训教育的通知》（京建发〔2016〕73 号），明确要求在本市行政区域内全面推广体验式安全培训教育。施工现场安全体验区至少应具备高处坠落、墙体倒塌、综合用电、移动式操作架倾倒、平衡木、临边防护、安全帽冲击、劳动防护用品穿戴、人行马道、消防演示、急救演示等体验项目。专门设立的体验式安全培训基地应进一步增加体验项目，丰富和完善体验设施，配备多媒体培训教室和专业培训师。

2018 年 2 月 26 日，北京市住房城乡建设委员会颁布了《北京市建筑施工项目从业人员体验式安全培训教育管理办法（试行）》（京建法〔2018〕4 号）。其中表明体验式安全培训教育是指在原有的安全教育的基础上，通过视、听、体验相结合的方式，让受训人员全方位、多角度、立体化地体验建筑施工现场存在的危险源和可能导致的生产安全事故的一种安全生产培训教育方式。并且指出：施工总承包单位的项目管理人员、专业分包单位的项目管理人员、劳务分包单位的管理人员和所有在一线参与施工的作业工人（包括班组长）等项目从业人员，每年应进行不少于两次体验式安全培训，每次培训时长应不少于 2 学时，新入场和转场人员应于进场后 7 日内完成体验式安全培训，可将体验式安全培训学时纳入三级安全培

训教育的项目安全培训学时。此管理办法扩大了培训人员范畴以及培训要求的同时，也加强了对体验场馆培训质量的要求，并规定体验式安全培训课程应包括理论课程和实际操作课程两部分，鼓励运用 VR（虚拟现实）等新科技手段开发更具体验效果的培训项目作为体验式安全培训的辅助项目，增强安全培训视觉效果。

二、天恒安科安全体验培训中心简介

北京天恒安科集团有限公司下设天恒安科安全体验培训中心（以下简称培训中心），现有体验式安全培训场馆 4 个。其中主馆位于北京市大兴区生物医药产业基地，为全天候室内场馆，建筑面积 2000m²，日培训能力 300 人次以上。设有房屋节点展示区、安全教育区、安全体验区、VR 体验区 4 个功能区，共有 29 项安全体验课程、7 项安全理论课程、5 项中小学安全知识理论课程。其中，安全体验教学区涵盖了高处坠落、墙体倾倒、移动式操作架倾倒、综合用电、安全帽撞击、安全带使用、吊运作业、灭火器使用、VR 体验、火灾 119 报警等建筑施工现场主要风险源体验项目。此外，电教区的中小学安全知识大讲堂还包含了地震安全知识、消防应急包使用、儿童防诱拐等常用安全知识，以及针对火灾开展的烟雾逃生、消防应急处置系列实景演练。

培训中心另设有通州副中心、新机场和雄安三个体验培训基地，分别如图 1-2 所示。

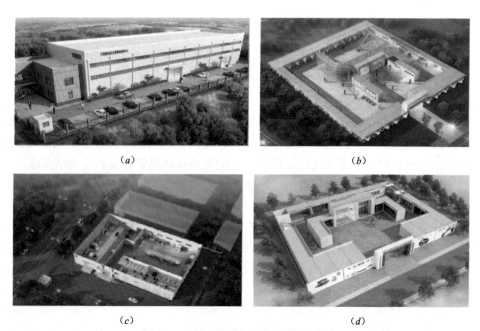

图 1-2　天恒安科安全体验培训基地

(a) 体验培训中心；(b) 通州副中心培训基地；(c) 新机场培训基地；(d) 雄安培训基地

2016年3月，培训中心被列为北京市住房城乡建设委公布的首批五家体验培训基地之一。

培训中心自2016年正式运营以来，受到了社会各界的高度关注，现已成为"北京市建设系统体验式安全培训基地"、"北京市社区科普体验厅"、"大兴区安全培训基地"，接待前来参观、考察、调研的团队五千多人次，巨大的示范效应对整个社会的安全事业发展产生了积极影响。

第四节　推广体验式安全教育培训模式的意义

体验式安全培训能够全方位、多角度、立体化地模拟施工现场存在的危险源和可能导致的生产安全事故，可以让体验者亲身体验不安全操作行为和设施缺陷所带来的危害，通过实践与反思相结合来获得知识和技能，从而使从业人员熟练掌握操作技能，提高安全生产意识，确保安全生产，防止生产安全事故的发生。

体验式安全教育培训高效理论的重要依据为平均保留记忆率实验。围绕学习效率采取不同教学方法，通过国外权威机构实验得到的24h后知识保留度的数据如图1-3所示。由图中不难看出，传统的讲授教育模式是最低效的方法，高效的教学方法应该从金字塔的底层"讨论和实践"着手。

图1-3　学习金字塔

此外，据有关企业测算，对200名一线施工人员分别在以往的培训方式和体验式培训中的有关不安全行为的数据进行了统计分析，数据如表1-2所示。由表1-2可以看出安全体验式教育的效果是立竿见影的，进行过体验式教育的施工人员与没有进行体验式安全教育的人员在安全防护用品正确佩戴率、违章率、安全技能正确掌握率及安全知识测试评估及格率等方面存在明显差异。

实践证明，体验式安全教育培训同传统的教育培训方式相比，确实有着许多优势。因此，施工现场应将体验式安全教育工作贯穿于整个施工周期，有效提升安全教育培训工作的质量，规避隐患风险、保障安全生产。

传统和体验式培训效果对比情况　　　　　　　表 1-2

模式＼项目	安全防护用品正确佩戴情况		违章操作情况		安全技能正确掌握情况		安全知识测试评估及格情况	
	人数	正确率	人数	违章率	人数	正确率	人数	及格率
传统培训模式	50	25%	150	75%	40	20%	30	15%
体验式培训模式	180	90%	20	10%	190	95%	190	95%

第五节　体验式安全教育培训师的培训技能

在体验式培训过程中，培训师实质上担任的是一个组织者或指引者的角色，组织和指引学员以正确的方式和最真实的态度去面对每一项体验的任务、克服随时可能发生的困难，让学员真正感受到体验过程中的一些最真实的感受。

一、体验式教育培训的环节

体验式安全教育培训，一般包括以下几个环节（图 1-4）：

（1）体验

培训师指导学员参加体验活动，这种体验以观察、行动和表达的形式进行，它是整个过程的基础。

（2）分享

体验过程结束后，体验者要分享个人的体验感受。

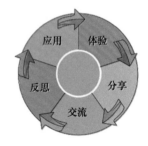

图 1-4　体验式教育培训的环节

（3）交流

体验后分享是第一步，然后要与其他体验者进行探讨交流，关键是把体验者之间的互相交流结合起来。

（4）反思

通过体验，体验者反思自己以往的行为或者对某问题的认知。也可以通过体验，培训师帮助体验者总结出原则或归纳提取出精华，以帮助他们进一步定义和认清体验中得出来的结论。

（5）应用

最后将体验联系到生活、工作中。这种强调"做中学"的体验式学习，能够将体验者掌握的知识、潜能真正地发挥出来，是提高工作效率的有效学习模式。

而生活、工作本身也是体验，新的体验循环又开始了。

二、培训策略

在体验式安全教育培训过程中，一个好的培训师除了必须对体验项目涉及的相关内容有很全面、深刻的掌握外，还需同时配合适当的培训技巧。

体验式培训有形式多样的培训方法，这里列举常用的几种，培训师可针对具体的体验项目，有选择性地采用。

（1）情景模拟法

体验式教学相比于传统教学相比，其最大的优点就是改变了传统教学中形式单一、填鸭式的说教方式，增加了学员的体验感、获得感，从而使学员记忆深刻。作为安全教育培训的培训师，可以通过情景布置、气氛烘托等方式，尽可能地还原施工现场环境，最大限度地模拟施工现场可能会遇到的各种危险，给学员带来最真实的体验。

（2）角色扮演法

在以往的教育培训中，学员多是以旁观者的角度来了解施工过程中出现的各种危险情景，这种知识获取方式并不能给他们带来深刻的体会，教学效果不佳。在体验式安全教育培训中，培训师可以组织体验者通过角色扮演方式，切实地参与到体验过程中来，让他们产生更直观的感受，增强学员们对施工安全的重视程度。

（3）体验交流法

在体验过程中，培训师可以组织体验者通过介绍以往经历、交流体验感受等方式，加强体验者间的互动交流。同时，也应当鼓励和引导体验者在体验过程中和体验之后的反思，如果体验者反思的不到位或者不全面，培训师应当及时指出或补充。

（4）案例分析法

在引导学员参与体验过程中，培训师应适当讲解典型案例，向学员介绍案例发生的原因以及如何在今后的工作中避免类似情况的发生。培训师需要精心备课，要提前收集和准备案例，尽量寻找贴切匹配且生动新颖的案例，最好是企业或受训员工中实际发生过的例子，共鸣性和效果更佳。不能为了案例而案例，否则会适得其反。讲解过程中，要增强语言的感染力，使学员产生共鸣，帮助他们认识到规范施工作业的重要性。

（5）小组竞赛法

小组竞赛法就是根据一定的标准和制度，在体验学员之间开展分组竞赛，最后评选出表现优秀的团体，并予奖励。采用这种培训方法时要注意，培训师要首先对相关内容进行过讲解，并且要密切控制竞赛活动的进行；竞赛小组间要具有可比性、评比标准要明确、评判结果要公正。小组竞赛培训方法相对比较浪费时间、效率不高，在体验式培训过程中不可过多滥用，否则会影响体验学员对新知识的吸纳以及培训师的授课水平。

（6）团队游戏法

游戏法培训就是把体验学员组织起来，就一个模拟的情境进行竞争和对抗力的游戏，以增强培训情境的真实性和趣味性，提高受训人员解决问题的技巧。在游戏培训过程中，培训师要引导学员合理安排时间，有目的、有节制地进行一些游戏操作；游戏的选择要有利于帮助体验者扩大视野、丰富知识、增强技能。同时，要把握好引入游戏的尺度，不能以玩代教、因玩误教，并注意事后归纳与总结。

（7）参观访问法

参观访问法是根据培训需要，培训师可组织学员到某场所进行直接的观察、调查等，以此获得知识、锻炼能力等。培训师要制定好参观计划，包括时间、地点、对象及内容等，要指导好体验学员的整个参观过程。体验过程中，体验学员要积极地看、听、问、记等，并要做好参观后的总结与反思。

（8）交互视频法

交互式视频培训法通过与计算机主键盘相连的监控器，综合文本、图表、动画及录像等视听手段培训员工，受训者可以用键盘或触摸监视器屏幕的方式与培训程序进行互动性学习。这种培训方法最大的优点是易组织且可重复，受训者的培训可不受任何时间和空间的限制；缺点是课程软件开发费用昂贵、不能快速更新培训的内容等。

（9）VR 体验法

VR 技术是利用电脑模拟产生一个三度空间的虚拟世界，提供使用者关于视觉、听觉、触觉等感官的模拟，让使用者如同身历其境一般，可以及时、没有限制地观察三度空间内的事物。VR 技术用在安全教育培训中，体验者看到的场景和人物虽然都是假的，但 VR 拥有非常强的沉浸感，可以把体验者的意识代入一个虚拟的世界，让体验者感觉自己置身其中，从而能真正让体验者意识到建筑施工安全的重要性，提高安全生产意识。VR 培训法可以避免消耗大量时间、人力、物力来布置场景，其实在很多场合不适应布置大型的体验装置，组装繁琐。

随着时代的进步，培训形式将会更丰富更先进，选择性更多，但并不是越先进越好。安全教育培训师在选择培训方法时，一是要看体验项目本身的内容属性，二是要看受训员工特性，如工作性质、接受水平等，三是要看培训现场实施条件是否具备，四是看过去各培训形式实施经验和教训，结合它们的优劣势来综合考虑选择为妥。

第二章　个人安全防护体验

建筑施工现场风险较大，容易发生事故，作为一线施工人员必须做好个人安全防护工作。进入施工现场前首先必须正确佩戴劳动防护用品，个人防护用品是从业人员为防御物理、化学、生物等外界因素伤害所穿戴、配备和使用的各种护品的总称，在建筑施工现场常见的个人防护用品主要有：安全帽、安全靴／鞋、安全带、听力保护器、安全防护手套、呼吸保护器、安全带及其附属设备、救生衣／背心（水上作业中）等等。本章主要介绍常见的个人安全防护用品体验项目，以及有限空间体验和搬运重物体验项目。

第一节　安全帽撞击体验

对人体头部受坠落物及其他特定因素引起的伤害起保护作用的帽子为安全帽。

安全帽撞击体验项目由机械传动系统带动金属棒，使其自由落体，模拟施工现场高处坠物。体验者在正确佩戴合格安全帽的情况下，体验金属棒打击，感受安全帽对头部防护的重要性，从而增强体验者自觉并正确佩戴合格安全帽的意识。该项目体验现场如图 2-1 所示。

图 2-1　安全帽撞击体验

一、体验要求和流程

（1）体验者佩戴安全帽，戴正、戴稳并系上帽带，端坐于体验位置，安全帽帽壳中心正对金属棒下落的方向；

（2）由培训师遥控启动控制装置，金属棒落下砸到体验者安全帽上，让体验者感受安全帽对头部的保护作用；

（3）体验结束，金属棒回到初始位置后，体验者再离开体验位置。

二、体验注意事项

（1）体验前培训师要检查体验设备是否有故障；

（2）体验人员检查自己安全帽边沿处是否有"三证一标"，禁止佩戴不符合国标的劣质安全帽体验；

（3）禁止佩戴背包、工具等坐在体验位置；

（4）安全帽必须戴正、戴稳，必须系好下颌带；

（5）体验时，禁止双手触摸安全帽，禁止躲闪；禁止头部迎接金属棒，以免造成颈部受损；禁止交谈，以免金属棒突然下落咬伤舌头。

三、体验知识点

1．安全帽的构成

安全帽由帽壳、帽衬、帽箍及下颌带四部分组成，通常由塑料、橡胶、玻璃钢等材料制成。安全帽有多种类型，包括普通安全帽、阻燃安全帽、防静电安全帽、电绝缘安全帽、抗压安全帽、防寒安全帽及耐高温安全帽等。

在施工现场有关安全帽标识如图 2-2 所示。

进入施工现场
必须戴安全帽

图 2-2　安全帽标识

2．安全帽的作用

施工现场员工们所佩戴的安全帽主要是为了保护头部不受到伤害。当人体头部受坠落物及其他特定因素引起的伤害时，安全帽在瞬间先将冲击力分解到头盖骨的整个面积上，然后利用安全帽的各个部分（帽壳和帽衬）和所设置的缓冲结构来吸收大部分的冲击力，使最后作用到人员头部的冲击力降低，从而起到保护人员头部的作用。

可以在以下几种情况下保护人的头部不受到伤害或者降低头部伤害程度：

（1）飞来或坠落下来的物体击向头部时；

（2）当作业人员从 2m 及以上的高处坠落下来时；

（3）当头部有可能触电时；

（4）在低矮的部位行走或作业，头部有可能碰到尖锐、坚硬的物体时。

3．安全帽的佩戴标准

（1）将内衬圆周大小调节到对头部稍有约束感，用双手试着左右转动头盔，以基本不能转动，但不难受的程度，以不系下颌带低头时安全帽不会脱落为宜；

（2）佩戴安全帽必须系好下颌带，下颌带应紧贴下颌，松紧以下颌有约束感，但不难受为宜；

（3）女生佩戴安全帽应将头发放进帽衬。

图 2-3 为佩戴安全帽的正确示范。

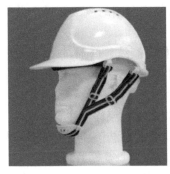

图 2-3 正确佩戴安全帽示范

4. 安全帽的判废标准

当出现下列情况之一时，即予判废，包括：

（1）所选用的安全帽不符合《安全帽》GB 2811—2007 的要求；

（2）所选用的安全帽功能与所从事的作业类型不匹配；

（3）所选用的安全帽超过有效使用期；

（4）安全帽部件损坏、缺失，影响正常佩戴；

（5）所选用的安全帽经过定期检验和抽查为不合格；

（6）安全帽受过强烈冲击，即使没有明显损坏；

（7）当发生使用说明中规定的其他报废条件时。

四、培训策略

（1）体验前，培训师通过向体验者展示合格的安全帽，详细介绍安全帽的构成及各部分所起的作用，如图 2-4 所示。

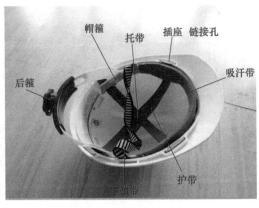

图 2-4 安全帽的构成

（2）可挑选有兴趣参与的体验者，让其按照自己平常作业习惯佩戴安全帽，让其他体验者指出其体验过程中存在的错误佩戴方式并相互交流、互相纠错，以加深体验者的印象。然后，培训师现场示范安全帽的佩戴标准，并指导体验者正确佩戴安全帽。

（3）可通过展示若干劣质安全帽，比如有裂纹、磨损、碰伤痕迹、凹凸不平、帽衬不完整等，让体验者找出这些安全帽存在哪些问题并相互交流，然后培训师再介绍安全帽在什么情况下应报废。

（4）体验时，要强调该体验项目的体验要求、流程及注意事项。

（5）项目体验完毕时，培训师要引导体验者总结该项目的体验效果：

1）安全帽作用：保护头部防止撞击，减缓自身受伤害程度。

2）购买安全帽时，要让商家出示"三证"（生产许可证、产品合格证和安全鉴定证）和"一标"（特种防护用品安全标志证书）。

3）进入施工现场必须正确佩戴安全帽，不合格的佩戴方式会导致安全帽在受到冲击时起不到防护的作用。不能认为带上安全帽就可使头部不受到伤害，坠落物体伤人事故中15%是因为安全帽使用不当造成的。

4）安全帽在使用过程中会逐渐损坏、要定期不定期进行检查，如果发现开裂、下凹、老化、裂痕和磨损等情况，应及时更换，以免影响防护作用。

第二节　安全鞋撞击体验

安全鞋是安全类鞋和防护类鞋的统称，一般指在不同工作场合穿用的具有保护脚部及腿部免受可预见的伤害的鞋类。

在安全鞋撞击体验中，体验者可穿上安全鞋进行穿刺、重砸体验，并与普通鞋对比后果，从而使体验者了解施工现场常见足部伤害类型并认识安全鞋的重要作用。该项目体验现场如图2-5所示。

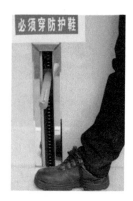

图 2-5　安全鞋撞击体验

一、体验要求和流程

（1）选取对此体验感兴趣的体验者穿着安全鞋，引导其足部踩到体验位置，身体紧靠墙壁，并将安全鞋前端内含钢板的部分正对着铁棒下落的位置；

（2）由培训师按动遥控器使铁棒落下砸到安全鞋的前端，让体验者感知安全鞋的重要作用。

二、体验注意事项

（1）体验者必须穿着合适的安全鞋，禁止穿着普通鞋进行体验；

（2）体验时，禁止将鞋头部分越过金属棒正下方；

（3）禁止面对金属棒进行体验；

（4）体验过程中，禁止躲闪。

三、体验知识点

1．常见安全鞋的类型及其对足部防护的意义

按照防护功能的不同，安全鞋分为（施工现场常见）：

（1）保护足趾鞋（靴）：足趾部分装有保护包头，保护足趾免受冲击或挤压伤害的防护鞋，又称防砸鞋；

（2）防刺穿鞋（靴）：内底装有防刺穿垫，防御尖锐物刺穿鞋底的足部防护鞋；

（3）电绝缘鞋（靴）：能使人的脚步与带电物体绝缘阻止电流通过身体，防止电击的足部防护鞋。

安全鞋（靴）可同时具有以上几种功能。安全鞋相关标识如图 2-6 所示。

图 2-6　安全鞋相关标识

2．安全鞋对足部的防护意义

建筑工人必须根据实际工作状况，针对不同的危害选择具有相应防护功能的安全鞋，以避免硬物压伤、金属物戳伤足部等。若不穿安全鞋，会存在下列隐患：

（1）被滚动或者下坠的物件压伤或砸伤；

（2）被尖锐的物件刺穿鞋底或者鞋身；

（3）被锋利的物件割伤，甚至使表皮撕裂；

（4）场地湿滑易跌倒；

（5）因接触化学品、熔化金属、高温及低温的表面而受伤；

（6）接触电力装置时易引起触电。

3．安全鞋的判废标准

使用前应对足部防护鞋（靴）进行外观缺陷检查，若出现下列所述特征之一

时应予报废：

（1）帮面出现明显裂痕，裂痕深及帮面厚度的一半（图 2-7*a*）；

（2）帮面出现严重磨损、包头外露（图 2-7*b*）；

（3）帮面变形、烧焦、融化或发泡，或腿部部分的裂开（图 2-7*c*）；

（4）鞋底裂痕长度大于 10mm，深度大于 3mm（图 2-7*d*）；

（5）帮底结合处的裂痕长度大于 15mm 和深度大于 5mm，鞋出现穿透；

（6）防滑鞋防滑花纹高度低于 1.5mm（图 2-7*e*）；

（7）鞋的内底、内衬明显变形及破损（图 2-7*f*）。

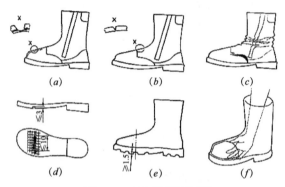

图 2-7　安全鞋判废标准

四、培训策略

（1）体验前，可先向体验者展示常见的具有不同功能的安全鞋，如防刺穿鞋、电绝缘鞋等，并假定几种作业环境（如电焊作业、湿地作业、吊篮作业等），让体验者针对各种作业环境选择相应的安全鞋。同时，培训师要介绍施工现场常见安全鞋的类型及其对足部防护的意义，以让体验者意识到若不穿安全鞋会带来哪些隐患。

（2）可通过展示若干劣质安全鞋，比如有裂纹、磨损、变形、防滑花纹少等，让体验者找出这些安全鞋存在哪些问题，并让体验者相互交流，然后培训师再总结安全鞋在什么情况下应报废。

（3）体验时，要强调该体验项目的体验要求、流程及注意事项。

（4）项目体验完毕时，培训师要引导体验者总结该项目的体验效果：

1）安全鞋的作用：具有防扎、防砸、防滑、绝缘的作用；只能在规定的安全性能范围内使用，并且只能作为辅助安全用具；

2）施工现场环境复杂，朝天钉、钢管、钢筋、裸露的导线等危险有害因素均会对人员造成伤害，进入施工现场前务必要穿戴好合适的安全鞋；

3）安全鞋的性能会随着时间的推移而下降，在达到报废标准前须配备新的安全鞋。

第三节 安全带体验

安全带是运用在设备上的安全件,乘坐飞机等飞行器,或在高空作业与进行技艺表演时,为保障安全所用的带子。

安全带体验项目通过提升设备将系好安全带的体验者提升至高空,目的是让体验者感受到高处坠落中安全带的重要性,并通过体验不同类型的安全带,使体验者掌握正确的佩戴方法。该项目体验现场如图 2-8 所示。

图 2-8 安全带使用体验

一、体验要求和流程

(1)选取或指定对此项目感兴趣的体验者进行体验,培训师协助体验者佩戴好安全带,并检查无误;

(2)培训师启动按钮,提升器将体验者缓慢提起,提升到一定高度到达限位时,提升器瞬间自由落体 1m,体验者感受三点式和五点式安全带对人体的支撑程度,以及安全带对人体的冲击力;

(3)悬空 5s 后,启动向下移动,缓慢放下体验者;

(4)安全着陆后,解开安全带,体验结束。

二、体验注意事项

(1)体验前要对设备进行全面检查。检查提升器是否有异常、绳索是否有破损、安全带是否能正常使用以及开关是否灵敏等;

(2)体验者要正确佩戴安全带,各部位不宜过紧或过松:太紧容易对体验者胸腔造成压迫,太松支撑不到位,起不到作用;

(3)体验过程中,禁止嬉戏打闹;

(4)体验者落下后,要及时调整呼吸,如有任何不适请立即告知培训师。

三、体验知识点

（1）安全带的使用标准

安全带是防止高处作业人员发生坠落或发生坠落后将作业人员安全悬挂的个体防护装备。凡离坠落高度基准面 2m 及以上地点（坠落相对距离）进行工作，都应视为高处作业，都必须使用安全带。

在建筑施工现场主要使用坠落悬挂安全带，其相关标识如图 2-9 所示。

图 2-9 安全带相关标识

（2）安全带的正确佩戴顺序

安全带的正确佩戴顺序为：先穿戴安全带肩带，再扣胸带，然后系腰带，最后扣腿带，如图 2-10 所示。安全带所有部件佩戴齐全后，双手轻抚肩带，身体站正、立直。

图 2-10 安全带正确佩戴顺序

（3）高处作业时安全带的正确使用方法（图 2-11）

第一步：检查

背带和挂绳，没有断丝和明显划痕；金属挂钩没有可见裂纹，挂钩锁死装置完好可用。

第二步：穿戴

背带系紧，工作服领口、袖口扎紧，绑腿要松紧适度，不妨碍腿部活动。安全带绑扎完毕和绳子盘好后，挂钩挂在前面。

16

图 2-11　高处作业时安全带的使用方法

第三步：上下

先把安全带两个挂钩挂在头部上方位置，开始爬脚手架，当上到腰部位置时，摘下一个挂钩挂到头部上方位置。重复此步骤，上下。（挂钩轮换交替，确保上下过程中的安全）

第四步：水平

上到平台后，如需要往左（右）移动，先把一个挂钩摘下挂到左（右）前方位置，再倒换另外一个挂钩（挂钩交替）。目的是确保在任何时候均有挂钩在挂点上，保证人身安全。

第五步：检查

两个挂钩挂好，经核查合格后，开始作业。

核查：牢靠处，高挂低用。

四、培训策略

（1）培训师要现场示范安全带的正确佩戴顺序，并指导体验者正确佩戴安全带。同时，让体验者对他人错误佩戴方式进行相互交流，并互相纠正错误，以让体验者加深印象。

（2）可挑选有兴趣的体验者，在正确佩戴安全带的情况下，让其按照自己平常作业习惯进行脚手架攀爬现场体验，并让其他体验者指出其攀爬过程中使用安全带的错误方式并加以纠正。然后培训师结合现场体验情况，介绍高处作业时安全带的正确使用方法。

（3）体验时，要强调该体验项目的体验要求、流程及注意事项。

（4）项目体验完毕后，培训师要引导体验者总结该项目的体验效果：

1）安全带的用途：适用于坠落高度距基准面 2m 及 2m 以上施工作业无法采取可靠防护措施的情况下。

2）安全带的安全使用方法：安全带应高挂低用，注意防止碰撞，严禁虚挂、瞒挂、不挂。使用 3m 以上长绳应加缓冲器，自锁钩吊绳例外。

3）安全带的检查：安全带上标有合格证、检验证、商标，是否超出使用年限；检查吊绳是否打结、破损，挂点是否牢固。安全带使用期一般为 3 ～ 5 年，发现异常应提前报废。

第四节 噪声体验

噪声是发声体做无规则振动时发出的声音。

在封闭空间内利用音频控制器控制音响的音量大小，模拟施工现场不同环境下使用不同种类机具发出的声音。体验者通过体验各种分贝的噪声，了解在噪声环境中可能受到的伤害，并掌握护听器的正确使用方法。该项目体验现场如图2-12所示。

图 2-12　噪声体验

一、体验要求和流程

（1）选取或指定对此项目感兴趣的体验者进行体验，培训师协助体验者佩戴好安全防护耳罩；

（2）体验者进入封闭室，培训师打开音频设备，随着音频加大，体验者体验耳塞、耳罩的好处，从而了解在噪声环境中可能受到的伤害；

（3）培训师关闭设备后，体验人员摘掉耳塞、耳罩，体验完毕。

二、体验注意事项

（1）禁止未佩戴耳塞、耳罩进行体验；

（2）禁止佩戴耳机进行体验；

（3）体验过程中，禁止擅自摘掉耳塞、耳罩；

（4）切勿将室内噪声音量调节至对人耳有害的大小。

三、体验知识点

1. 噪声对人体健康带来的伤害

施工现场中充斥着大量的噪声，如钢筋加工、浇筑水泥振捣棒工作，还有各种切割锯的声音。长时间处于噪音环境中对人体生理和心理都会有很大的影响：噪声在 50～90dB 便会妨碍睡眠，引起难过、焦虑；噪声在 90～130dB 便会出现耳朵发痒、疼痛感觉；噪声超过 130dB 后则会出现耳膜破裂、耳聋的严重后果。因此，在噪声环境区作业一定要佩戴隔声耳塞、耳罩，以保护耳朵免受噪音伤害，其相关标识如图2-13所示。

图 2-13　护听器佩戴标识

2．护听器及其类型

护听器是保护听觉、使人免受噪声过度刺激的防护产品。

适用条件：

（1）在噪声超过 85 分贝（dBA）的区域内工作的所有人员必须佩戴听力保护设备。

（2）如果在需要大声讲话才能听到的情况下，也需要佩戴听力保护设备。

图 2-14　各类护听器

护听器有耳罩、耳塞、头盔等类型，分别如图 2-14 所示。在强噪声环境中可将耳塞与耳罩、头盔复合使用，如图 2-15 所示。

图 2-15　护听器附着到有插片的安全帽上

3．防噪声耳塞的正确使用方法

（1）搓细：将耳塞搓成长条状，搓得越细越容易佩戴。

（2）塞入：拉起上耳角，将耳塞的三分之二塞入耳道中。

（3）按住：按住耳塞约 20s，直至耳塞膨胀并堵住耳道。

（4）拉出：用完后取出耳塞时，将耳塞轻轻地旋转拉出

四、培训策略

（1）培训师先向体验者介绍在建筑施工时噪声对人体健康带来的各种伤害。

（2）结合现场展示的各类护听器，如耳罩、耳塞、头盔等，介绍其适用范围及使用方法。

（3）防噪音耳塞是施工现场最常用的护听设备。培训师可指导体验者防噪音耳塞的正确使用方法并现场进行示范，可以让体验者体验下戴耳塞与不戴耳塞对同一分贝声音的感受，并让体验者相互间进行交流。

（4）体验时，培训师要强调该体验项目的体验要求、流程及注意事项。

（5）项目体验完毕时，培训师要引导体验者总结该项目的体验效果：

1）护听器的用途：保护耳朵免受施工现场的噪音伤害，在噪声环境区作业都需要佩戴隔声耳塞、耳罩。

2）耳塞、耳罩必须符合国家标准及行业标准，耳塞、耳罩佩戴后无声音均为不合格产品。

3）禁止佩戴耳机听音乐作业。

第五节 有限空间体验

有限空间是指在密闭或半密闭，进出口较为狭窄，未被设计为固定工作场所，自然通风不良，易造成有毒有害、易燃易爆物质积聚或氧含量不足的空间。有限空间作业是指作业人员进入有限空间实施的作业活动。

有限空间体验项目设置了有限空间作业环境，展示了各类有限空间作业使用的防护工具及使用方法，体验人员通过进入模拟环境，感受其中可能存在的危害，提高自身防范意识。该项目体验现场如图 2-16 所示。

图 2-16 有限空间体验设施

一、体验要求和流程

（1）培训师向体验者讲解防毒面罩和三脚架的分类用途，以及正确的使用方法；

（2）通风后需探测有限空间作业场所的空气质量是否符合安全要求；

（3）选取有兴趣参与的体验者佩戴好防毒面罩，并检查有无漏气；

（4）体验者爬入模拟受限空间内部，培训师遥控控制释放无毒烟气，营造危险的施工作业环境；

（5）想象假使未佩戴防毒面罩在发生事故时可能带来的后果，从而预防事故的发生。

二、体验注意事项

（1）要按照"先通风，再检测，后作业"的原则进行体验；

（2）释放无毒烟气量控制在一定范围内，并且要对作业环境内的空气进行实时监测，切勿过量；

（3）进入有限空间作业，必须要有专人监护；

（4）体验者爬出后，应及时调整呼吸，如有任何不适请立即告知培训师。

三、体验知识点

1. 有限空间作业的类型

有限空间可分为四类：

（1）密闭设备：如船舱，储罐、车载槽罐。

（2）反应塔（釜）、冷藏箱、压力容器、管道、烟道、锅炉等。

（3）地下有限空间：如地下管道、地下室、地下仓库、地下工程、暗沟、隧道、涵洞、地坑、废井、地窖、污水池、沼气池、化粪池、下水道等。

（4）地上有限空间：如储藏室、酒槽室、发酵室、垃圾站、温室、冷库、粮仓、料仓等。

在建筑施工行业常见的涉及有限空间作业的工程有管道、涵洞、轨道地铁、沟、井以及市政管网中的下水道、污水处理设施等设施及场所，分别如图 2-17 所示。

图 2-17　有限空间作业

2. 有限空间作业危险因素分析

（1）作业环境危险因素

包括：缺氧或富氧、易燃气体、有毒气体、生物病原体、物理因素危险等。

（2）作业过程危险因素

有限空间作业时所有机械设备，若因安全防护装置不当而失效，或者因工作人员操作失误而导致运转部件触及人体或设备发生破坏，碎片飞出，都有可能导致机械伤害事故。在具有湿滑表面的有限空间作业，有导致人员摔伤、磕碰等危险。如清理大型水池、储水箱、输水管（渠）的作业现场有导致人员遇溺的危险。

（3）作业流程危险因素

未制定有限空间作业的操作规程、操作人员无章可循而盲目作业、操作人员在未明了作业环境情况下贸然进入有限空间作业场所、误操作生产设备、作业人员未配置必要的安全防护与救助装备等，都有可能导致事故的发生。

（4）作业管理危险因素

安全管理制度的缺失、有关施工（管理）部门没有编制专项施工方案、没有应急救援预案或未制定相应的安全措施、缺乏岗前教育及进入有限空间作业人员的防护设备与设施得不到维护或维修，是造成该类事故的重要原因。

3．防毒面罩及其使用要求

防毒面罩能对作业人员的呼吸器官、眼睛及面部皮肤提供有效防护，防止受到毒气、粉尘、细菌、有毒有害气体或蒸汽等有毒物质伤害，它由面罩、导气管和滤毒罐组成，如图 2-18。防毒面罩可以根据防护要求分别选用各种型号的滤毒罐，按防护原理可分为：

图 2-18 防毒面罩

（1）过滤式防毒面罩：滤毒罐用以净化染毒空气。

（2）隔绝式防毒面罩：由面具本身提供氧气，主要在高浓度染毒空气或在缺氧的高空、水下或密闭舱室等特殊场合下使用。

使用防毒面罩时，要注意以下几点：

（1）滤毒罐为自吸过滤式呼吸防护面具的一部分，不能单独使用。

（2）环境中氧气浓度低于 18% 时禁止使用。

（3）根据作业环境有毒有害气体浓度的不同可选择滤毒罐。

（4）当明确作业环境中有毒有害气体性质时可选择使用滤毒罐，否则禁止使用。

（5）滤毒罐的防护性能具有专一性，应根据环境中有毒有害气体的性质进行选择，不能乱用或混用。

（6）储存：滤毒罐为 5 年，库房应干燥通风。

4．救援三脚架

救援三脚架是属于有限空间作业设备中的应急救援类设备，是用于救援人员输送用的，主要由整体支架、双点安全挂钩、全身式安全带，救援起吊装置和可伸缩式坠落制动器等构成，如图 2-19 所示。其设有上升、下降自锁装置、特制的不锈钢丝绳，柔韧度好，且不会因锈蚀或缺油造成钢索损害。

使用救援三脚架时，要注意：

（1）必须由一个经过训练的人独立操作。

（2）每次使用前要检查每个钢架、所有链子的紧固性能，以及安全缆绳是否能正常地绕在绞轮上。

图 2-19　救援三脚架

（3）使用降落系统之前，必须明确在使用救援过程中如何避免随时可能发生的危险情况。

（4）绞盘上的钢丝绳在放开时需留有三四圈，以确保钢丝绳不滑落。

（5）救援三脚架存放在干燥处，不得与酸、碱等腐蚀性液体存放在一起。

5．有限空间作业五条规定

（1）必须严格执行作业审批制度，严禁擅自进入有限空间。

（2）必须做到先通风，再检测，后作业。严禁通风检测不合格作业。

（3）必须具备个人防中毒窒息等防护设备，设置安全警示标志，严禁无防护监护措施作业。

（4）必须对作业人员进行安全培训，严禁教育培训不合格的人员上岗作业。

（5）必须制定应急措施，现场配备应急装备，严禁盲目施救。

四、培训策略

（1）有限空间作业时的防护用品，除了安全帽、安全鞋、安全带、防护手套等，还有防毒面罩、气体检测仪、呼救器、防爆对讲机、警戒带、正压式空气呼吸器、救援三脚架、井口安全爬梯、防爆轴流风机等特殊防护用品。培训师可结合体验现场展示情况（图 2-20），挑选建筑施工现场常用的有限空间作业防护用具如防毒面罩、三脚架等，介绍其分类和用途。并挑选有兴趣参与的体验人员，指导其示范这些特殊防护用具的正确使用方法。

图 2-20　有限空间作业防护用具展示

24

（2）可将体验人员分成若干组，分批进入有限空间进行作业体验。体验结束时，让体验者相互交流体验感受，想象假使未采取任何防护措施就进入有限空间进行作业可能带来的后果，如中毒、缺氧、爆燃、坠落、溺水、物体打击、电击等，从而让体验者自觉提高有限空间作业的安全意识，预防事故的发生。

（3）体验时，培训师要强调该项目的体验要求、流程和注意事项。

（4）体验结束时，培训师要引导体验者总结该项目的体验效果：

1）有限空间作业前，必须严格执行"先通风，再检测，后作业"的原则。

2）当有限空间作业过程中发生急性中毒事故时，应急救援人员应用安全绳拉起作业人员，必要时应急救援人员应在带好个人防护并佩戴应急救援设备的前提下，才能进行救援。其他作业人员千万不要贸然施救，以免造成不必要的伤亡。

第六节　搬运重物体验

搬运重物体验项目利用不同重量沙箱模拟作业人员搬运的重物，体验人员在培训师的讲解、指导下，学习正确的搬运重物姿势和步骤，选用合理的搬运方法进行体验学习，避免发生腰部扭伤、肌肉拉伤等伤害。该项目体验现场如图2-21所示。

图 2-21　搬运重物体验

一、体验要求和流程

（1）体验人员目测重物的形状、尺寸和重量，观察周围工作环境；

（2）左脚向前，右脚靠后，与肩同宽，保持身体平衡；

（3）下蹲，降低重心，身体尽量贴近重物，挺直腰背，收紧核心；

（4）靠腿部的力量抬起重物，避免猛然用力；

（5）缓慢放下重物并保持身体放松。

二、体验注意事项

（1）要下蹲降低重心，避免弯腰过度；

（2）保持手的清洁、干燥，佩戴防滑手套；

（3）要利用腿部力量搬运重物，腰部平稳缓慢升高；

（4）避免猛然用力或扭曲腰部，需变向时，靠脚部移动完成。

三、体验知识点

1. 常见搬运错误姿势示范

一般情况下，都是降低上半身的重心来搬运重物，如图 2-22（a）所示。其实，这种搬重物的方法是错误的，因为上半身重心降低会将人体的腰部肌肉作为主要发力肌群，而腰部肌肉相对比较弱，如果重物较重的情况下，就会导致腰部肌肉力量不够，从而使腰部受伤。图 2-22 还给出了其他一些常见搬运不正确姿势，如双臂伸出太远（图 2-22（b））、重复扭腰动作（图 2-22（c））、从高处攀取重物（图 2-22（d））、腰椎负荷太重（图 2-22（e））等。

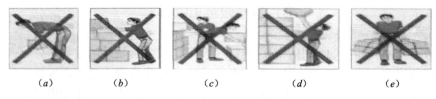

（a）　　　（b）　　　（c）　　　（d）　　　（e）

图 2-22　常见搬运不正确姿势示范

2. 正确人工搬运的姿势

（1）目测重物的尺寸和重量，了解形状，边角尖锐，观察工作区域作业环境（图 2-23（a））。

（2）向前走一步，一般是双脚分开，以便保持身体平衡（图 2-23（b））。

（3）屈膝或蹲下，腰部保持垂直（图 2-23（c））。

（4）抓住货物上的牢固把手，保持手清洁、干燥，确保货物紧靠你的身体（图 2-23（d））。

（a）　　　　　　（b）　　　　　　（c）

（d）　　　　　　（e）　　　　　　（f）

图 2-23　正确人工搬运的姿势

（5）升高货物主要用腿部力量，而不是腰。平稳而缓慢的加速升高，避免猛然一动，腰部要保持挺直（图2-23（e））。

（6）移动双脚，不要扭曲躯干（图2-23（f））。

四、培训策略

（1）可挑选有兴趣参与的体验者，让其按照自己平常搬运习惯搬运体验现场的重物，让其他体验者指出其体验过程中存在的错误搬运姿势并加以纠正，以让体验者加深印象。

（2）培训师要正确示范搬运重物要领，让体验者看清看懂，要重点强调几个步骤的发力点。

（3）体验结束时，培训师要引导体验者总结该项目的体验效果：

在作业施工现场，施工人员经常进行重物搬运作业。搬运重物时，要能够根据重物不同特点合理选择搬运方法，并按照正确的搬运方法进行搬运作业，避免腰部扭伤、肌肉拉伤等伤害的发生。

第七节　个人安全防护体验考核

一、填空题

1. 安全帽必须符合国标《安全帽》GB 2811—2007 的规定，购买时必须检查其是否具有_____、_____、_____三个证。

2. 安全鞋具备_____、_____、_____等功能。

3. 利用安全带进行悬挂作业时，不能将挂钩直接挂在安全带上，应钩在_____上。

4. 在噪声超过_____dB 的区域内工作的所有人员必须佩戴听力保护设备。

5. 凡要进入有限空间危险作业场所作业，必须根据实际情况事先测定其中_____的浓度，符合要求后方可进入作业。

6. 安全带的正确挂法应该是_____。

7. 凡直接从事带电作业的劳动者，必须穿戴_____和_____，防止发生触电事故。

8. 建筑施工中的"三宝"是指_____、_____、_____。

二、选择题

1. 建筑从业人员必须按要求佩戴个人防护用品，目的是_____。

A. 应付政府的检查　　　　　　　B. 保护自身的身体健康

C. 应付老板的检查

2. 进行地下挖掘作业时，建筑工人必须使用的个人防护用品为_____。

A. 安全帽　　　　　　　　　　B. 安全鞋

C. 安全带　　　　　　　　　　D. 防毒面罩

3. 安全带使用_____米以上的长绳要加缓冲器。

A. 1　　　　　B. 2　　　　　C. 3　　　　　D. 4

4. 凡是坠落基准面_____有可能坠落的高处进行的作业均为高处作业。

A. 6m 或以上　　　　　　　　B. 4m 米或以上

C. 3m 或以上　　　　　　　　D. 2m 或以上

5. 噪声超过_____dB 时会出现耳朵发痒、疼痛的感觉。

A. 50　　　　B. 70　　　　C. 90　　　　D. 100

6. 安全帽的使用期限，从产品制造完成之日计算，塑料帽不超过（　　）年。

A. 1　　　　B. 1.5　　　　C. 2　　　　D. 2.5

7. 安全带使用（　　）年后应检查一次。

A. 0.5　　　　B. 1　　　　C. 2　　　　D. 3

8. （　　）是保护人身安全的最后一道防线。

A. 个体防护　　　　　　　　　B. 隔离

C. 避难　　　　　　　　　　　D. 救援

三、判断题（正确的打 √，错误的打 ×）

1. 建筑工人安全帽和摩托车头盔可以通用。（　　）

2. 安全带的使用原则是高挂低用。（　　）

3. 耳塞、耳罩佩戴后无声音，说明是合格产品。（　　）

4. 进入有限空间危险作业场所，可采用动物（如白鼠）作辅助检测，根据测定结果采取相应的措施，当其中空气质量符合安全要求后方可作业。（　　）

5. 搬运重物时，是靠腰部的力量抬起重物的。（　　）

6. 高处作业未使用或不正确使用劳动保护用品等是高处坠落事故发生的主要原因之一。（　　）

四、简答题

1. 简述安全帽的佩戴标准。

2. 简述安全鞋的判废标准。

3. 简述安全带的佩戴顺序。

4. 下图中三人哪个安全带挂错了？如发生坠落哪个危险性更大？

5. 施工现场经常用来防噪声干扰的护听器有哪些？

6. 当施工现场出现违章作业时，你会怎么做？

第三章　建筑施工机械体验

建筑施工机械是指用于工程建设的机械的总称。近年来随着建设用地资源的稀缺以及工程技术的不断进步，超高层、高层、小高层结构越来越受到建筑市场的青睐，作为现场施工作业必不可少的机具设备，建筑施工机械设备得到了越来越广泛的应用。但是随着其广泛的应用，由于各种原因引起的机械伤害事故也逐年增加，而且，建筑机械伤害事故已经位居较大类型事故中的前列，应当引起广大施工作业人员的高度重视。

第一节　机械伤害体验

机械伤害主要是指机械设备运动或静止的部件、工具、加工件直接与人体接触引起的碰撞、夹击、剪切、卷入、绞、刺等形式的伤害。各类转动机械的外露传动部分（如齿轮、轴、履带等）和往复运动部分都有可能对人体造成机械伤害。

机械伤害体验项目展示了常见手持电动工具及常见切割机具，使体验者认识各类中小型机械，可通过实物操作分辨正确、错误的操作方法和标准的防护措施，以减少机械伤害事故。该项目体验现场如图 3-1 所示。

图 3-1　机械伤害体验

一、体验要求和流程

（1）机械伤害体验区设置有施工现场常见的一些小型施工工具，并有墙壁展板展示施工机具的使用方法、常见危害及防范措施，培训师可引导体验者参观学习；

（2）通过培训师的讲解和操作示范来介绍小型机具的正确使用方法，安全注意事项和作业过程中常见的错误操作方式，以供体验人员全面深入了解。

二、体验注意事项

（1）体验前必须认真检查设备的各项性能，确保各部件能够正常工作；

（2）体验者不得位于电锯后侧，体验结束后应该及时断开电源；

（3）机械设备在使用之前，先打开总开关，空载试转几圈，待确认无误后才允许启动；

（4）工具设备应按照要求定期进行检查，发生故障或损害，需请专业人员或者专门维修部门进行维修，不得私自将电源线延长，对于无法正常使用的应按程序及时报废。

三、体验知识点

1．手持式电动工具及其分类

手持式电动工具是指用手握持或悬挂进行操作的电动工具，比如施工中常用的电钻、曲线锯、斜切锯、扳手、电焊钳及手持打磨机等。

根据绝缘等级不同，手持式电动工具分为三类：

（1）Ⅰ类工具：金属外壳，电源部分具有绝缘性能（单绝缘工具），明显的特征是带有接地线（插头有 3 根柱子），适用于干燥场所。

（2）Ⅱ类工具：不仅电源部分具有绝缘性能，同时外壳也是绝缘体，即具有双重绝缘性能。这类工具外壳有金属和非金属两种，但手持部分是非金属，其明显特征是铭牌上有个"回"字型标记，适用于比较潮湿的作业场所。如图 3-2 所示。

（3）Ⅲ类工具：由安全电压电源供电，工具内部不产生比安全特低电压高的电压，也叫安全电压工具，适用于特别潮湿的作业场所。

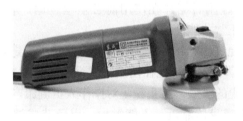

图 3-2　手持电动工具回型标记

2．立式切割机的使用方法（图 3-3）

（1）切割物件时，先戴好（手套、口罩、眼镜），避免飞溅物伤人。

（2）切割机在使用前必须检查是否正常使用（如电源线有无破损，切割片是否紧有无破损等）。

（3）更换切片时，先关掉电源，挂警示牌，切割片必须同心、紧固，以免脱落伤人。

（4）切割机必须在车间指定的房间使用，且不能正对易燃物和人切割。

（5）切割机在切割物件时，物件必须夹紧。

（6）切割物件时用力要平稳。运行时，如切割片损害，须立即停止使用，更换完好的切割片再运行。

（7）切割完毕后，先关掉电源，待砂轮片停止转动时，再取物件，以免飞转的切割片伤人。

图 3-3　立式切割机

3．手持切割机的使用方法（图 3-4）

图 3-4　手持切割机

（1）选择合适的金刚石锯片。金刚石锯片在使用前必须检查锯片有无破裂、弯曲现象，确认完好无损且试运转正常才能使用。

（2）手持式电动石材切割机不允许固定在台面或者支架上，作为固定式使用。

（3）吸尘器的使用。手持式电动石材切割机在使用干式锯片石材时粉尘很大，安装吸尘器收集粉尘可大幅减少粉尘的飞散，防止粉尘对操作人员健康产生危害。

（4）锯片在运转时，不要将手或身体靠近，不能触摸，以免造成被划伤或卷入的危险，锯片在运转时，不能用金属棒等辅助物来进行制动，必须操作开关让其停止转动。

（5）电动石材切割机不允许拆除防护罩进行锯切作业。被锯切的材料，尤其是锯切小块材料时，材料必须夹紧后才能锯切，以避免锯切时材料飞出而引起事故。

4．机械设备操作台必须稳固，夜间作业时应有足够的照明亮度。

5．操作前，要对机械设备进行安全检查，空车运转一下，确认正常后方可投入运行。设备严禁带故障运行，机械安全装置必须按规定正确使用，不得将其拆掉或不使用。机械设备使用的刀具、工夹具以及加工的零件一定要装卡牢固，不得松动。有关机械设备的安全标识如图 3-5 所示。

图 3-5　机具操作安全标识

6．机械手外伤的急救原则

（1）发生断手、断指等严重情况时，对伤者伤口要进行包扎止血、止痛、进行半握拳状的功能固定。

（2）对断手、断指应用消毒或清洁敷料包好，忌将断指浸入酒精等消毒液中，以防细胞变质。

（3）将包好的断手、断指放在无泄漏的塑料袋内，扎紧好袋口，在袋周围放上冰块，或用冰棍代替，速随伤者送医院抢救。

四、培训策略

（1）结合体验区展示的施工现场常见的小型施工工具，如球磨机、卷扬机、气锤、混砂机、螺旋输送机、泵、压模机、立式切割机、手持切割机等（图 3-6），首先让体验者认识这些常用机具，并将它们进行归类（I 类、II 类或 III 类）。然后，培训师根据体验者完成情况，详细讲解手持电动工具的分类及适用场所，以让体验者加深印象。

（2）讲解部分小型机具（如立式切割机、手持式切割机等）的使用方法前，可挑选有兴趣的体验者，让其按照自己平常作业习惯操作机具，让其他体验者指出其体验过程中存在的错误操作方式并加以纠正。然后，培训师再完整示范小型机具的正确使用方法，这样会起到事半功倍的效果。

（3）体验完毕后，培训师要引导体验者总结该项目的体验效果：

1）设备机具在使用前必须认真检查设备的性能，如对机体外观、电源线、锯片的松紧度和完整性、锯片的防护罩、安全挡板进行详细检查，确保各部位的完好性。

2）操作机械设备时，应严格执行安全操作规程。机械设备严禁带故障运行，机械安全装置必须按规定正确使用。

3）检修机械设备时，要断电、挂"禁止合闸"警示牌并设专人监护。

4）使用完毕后，确保切断电源后，把刀具和工件从工作位置退出，并清理好工作场地后方可离开。

图 3-6　常见小型机具展示

第二节　电焊作业体验

电焊是焊条电弧的俗称，即利用焊条通过电弧高温熔化金属部件需要连接的地方而实现的一种焊接操作。

电焊作业体验项目展示了电焊机常用的型号（直流电焊机、交流电焊机、气体保护焊机），体验者可通过实物操作分辨正确、错误的电焊操作方法和标准的防护措施，以减少电焊作业伤害事故。该项目体验现场如图 3-7 所示。

图 3-7　电焊作业体验

一、体验要求和流程

（1）体验人员穿戴好个人劳动防护用品，包括安全帽、焊接手套、隔热围裙、隔热鞋套、滤光镜等，如图 3-8 所示；

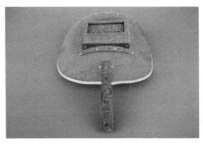

图 3-8　电焊作业防护用品

（2）在培训师指导下，体验者进行焊接体验；

（3）焊接完成后，让体验者判断自己或他人的焊接操作方法有什么错误，培训师评价焊缝质量。

二、体验注意事项

（1）进入焊接体验之前，体验人员必须穿戴好个人安全防护用品；

（2）焊接前需要检查周边环境，焊接时焊枪口不准对人；

（3）焊接结束后必须关闭焊机电源。

三、体验知识点

1．电焊机常用的型号

（1）直流电焊机

输出电源为直流电源的电焊机，具有引弧容易、电弧稳定和焊接质量好等优点。通常情况下，对焊接质量要求较高的工件采用直流电焊机进行焊接。

（2）交流电焊机

交流电焊机实质上是一种特殊的降压变压器。将 220V 和 380V 交流电变为低压的交流电，交流电焊机既是输出电源种类为交流电源的电焊机。焊接变压器有自身的特点，外特性就是在焊条引燃后电压急剧下降的特性。

（3）气体保护焊机

氩弧焊、二氧化碳保护焊，在气体的保护下焊接时不会氧化、溶焊牢固、可焊有色金属、可焊薄材料。

2．电焊作业需配备的个人防护用品

焊接过程中，较为常见的危害因素有：电弧辐射、有毒气体辐射、有毒气体及烟尘、高温烫伤、强噪音等。针对这些有害因素，应佩戴相应的防护用品：

（1）眼面部防护：主要是电弧辐射防护，可采用焊接防护眼罩、自动变光焊接面罩等。

（2）呼吸防护：有毒气体及烟尘的防护，可采用焊接口罩、长管呼吸器等。

（3）手部防护：高温灼伤的防护，可采用焊接手套、耐高温手套等。

（4）身体防护：防护高温烫伤和电弧伤害，可采用焊接防护服、焊接围裙等。

（5）听力防护：焊接产生噪音的防护，可采用防噪音耳塞，耳罩等。

（6）足部防护：防护焊接中火星等高温颗粒物的伤害，可穿安全鞋。

3．电焊作业属于特种作业，作业人员必须经过专业培训，获得特种作业人员操作证后，方可上岗。电焊作业工作证如图3-9所示。

图 3-9　电焊作业工作证

4．施工现场电焊工安全操作规程

（1）焊接场地禁止放易燃易爆物品，应备有消防器材，保证足够的照明和良好的通风。

（2）工作前必须穿戴好防护用品。操作时所有工作人员必须戴好防护目镜或面罩，仰面焊接时应扣紧衣领、扎紧袖口、戴好防火帽。

（3）在焊接、切割密闭空心工件时，必须留有出气孔。

（4）电焊机接零（地）线及电焊工作回路不准搭在易燃、易爆的物品上，也不准接在管道和机床设备上。工作回路线应绝缘良好，机壳接地必须符合安全规定。一次回路应独立或者隔离。

（5）电焊机的屏护装置必须完好（包括一次侧、二次侧接线），电焊钳把与导线连接处不得裸露。二次侧接头应牢固，焊接回路线接头不宜超过三个。

（6）下雨天不准露天电焊，在潮湿地带工作时，应站在铺有绝缘物品的地方并穿好绝缘鞋。

（7）移动式电焊机从电力网上接线或拆线，以及接地、更换熔丝等工作，均由电工进行。

（8）移动电焊机位置时，须先停机断电；焊接中突然停电，应立关好电焊机。注意焊机电缆接头移动后要进行检查，保证牢固可靠。

（9）换焊条时应戴好手套，身体不要靠在铁板或其他导电物体上，敲渣子时应戴上防护眼镜。

（10）工作完毕后，应切断设备控制电源，最后切断总电源及关闭气源开关和水源，清扫工作场地。

四、培训策略

（1）培训师先结合体验区展示的施工现场常见的电焊机（直流电焊机、交流电焊机、气保保护焊机，如图 3-10 所示），询问体验者它们有何不同，再介绍电焊机的常见型号，以让体验者对电焊机有初步的认知。

图 3-10　电焊机展示

（2）电焊作业时个人防护用品种类较多。培训师可事先设定一种或几种电焊作业环境，让体验者假想在此环境下进行电焊作业，该如何选择相应的电焊防护用品，并就选择结果进行相互交流；培训师指导体验者纠错。

（3）可挑选有兴趣的体验者，让其按照自己平常作业习惯进行电焊体验，并让其他体验者指出其体验过程中存在的错误操作方式并加以纠正。然后，培训师再完整示范电焊机的正确使用方法。

（4）体验结束时，培训师要引导体验者总结该项目的体验效果：

1）作业人员必须经安全技术培训考试合格后持证上岗操作，徒工必须在持证人员的监护和指导下操作。

2）电焊操作前，必须穿戴好防护用品，要检查电焊机外观是否完好，禁止使用有缺陷的焊接设备。

3）实际的电焊作业极易引起火灾，因此在进行电焊作业时，需要采用相应的措施预防电焊作业引起火灾。

4）电焊作业完毕后，必须切断电源，确认无火源后，方可离开。

第三节　吊篮作业体验

吊篮是建筑工程高空作业的建筑机械，通常用于外墙施工、幕墙安装、保温施工和维修清洗外墙等。悬挑机构架设于建筑物或构筑物上，利用提升机构驱动悬吊平台，通过钢丝绳沿建筑物或构筑物立面上下运行的施工设施，也是为操作人员设置的作业平台。吊篮作业体验区采用实体吊篮，体验者可进入到吊篮内进行上下操作体验，从而掌握吊篮安全操作要求。该项目体验现场如图3-11所示。

图 3-11　吊篮作业体验

一、体验要求和流程

（1）在体验之前，体验者应先穿戴好个人劳动防护用品，如安全帽、安全带、防滑手套等；

（2）体验者进入吊篮之后，将安全带上的自动锁扣扣在单独牢固固定在建（构）筑物上的悬挂生命绳上；

（3）启动后，进行吊篮上下操作体验。

二、体验注意事项

（1）体验者必须佩戴好劳动防护用品；

（2）吊篮内必须两人操作，体验者严禁嬉笑打闹；

（3）吊篮回归到地面之后，体验者方可解除安全带。

三、体验知识点

（1）吊篮操作者需要经过专业培训获得操作资格证才可独立作业，学员必须在师傅的指导下进行操作。吊篮操作证如图3-12所示。

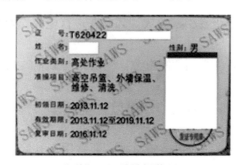

图 3-12　吊篮操作证

（2）严禁使用钢管等材料自行制作的吊篮。

（3）安全绳应当固定于足够强度的建筑物结构上，严禁安全绳接长使用，严禁将安全绳，安全带直接固定在吊篮结构上。

（4）吊篮悬挂机构严禁支撑在女儿墙上、女儿墙外或悬挑结构边缘。

（5）有架空输电线场所，吊篮的任何部位与输电线的安全距离不小于10m。

（6）吊篮内必须2人同时作业，操作人员应佩戴好安全带，安全带与安全绳通过锁绳器连接。锁绳器必须符合国家标准或规范要求，定期到具有相应资质的检测机构效验，合格后方可使用，使用期限不得超过1年。

（7）吊篮作业前，应进行下列检查：

1）屋面机构、悬重及钢丝绳符合要求；

2）电源电压应正常，接地（接零）保护良好；

3）机械设备正常，安全保护装置齐全可靠；

4）吊篮内无杂物，严禁超载。

（8）吊篮操作遵循"十不开"原则：

1）超过限乘人数和限载重量不开；

2）安全装置限位失灵不开；

3）物料体积超大、超长，影响梯吊篮开启不开；

4）物料放置不稳妥或荷载不匀不开；

5）吊篮保养、检修时，人员在顶部或底部不开；

6）钢丝绳裂股、绷丝、直径变小、磨损不开；

7）配重未压实、荷载不足不开；

8）电控装置失灵、电源破损无绝缘不开；

9）遇到大雨、大雾或大风五级不开；

10）操作人员无操作证不开。

（9）作业中，若发现运转不正常，应立即停机，并采取安全保护措施。未经专业人员检验修复前不得继续使用。

（10）利用吊篮进行电焊作业时，严禁使用吊篮做电焊接线回路。吊篮内严禁放置氧气瓶、乙炔瓶等易燃易爆炸品。严禁从吊篮的电器控制箱连接其他用电设备。

（11）作业后，吊篮应清扫干净，悬挂离地面3m处，切断电源，撤去梯子。

四、培训策略

本项目主要体验吊篮安全操作规程，体验结束时，培训师要引导体验者总结该项目的体验效果：

（1）吊篮是一种悬空提升人的机具，在使用吊篮进行施工作业时必须严格遵守使用安全规则。

（2）在施工中，如遇到施工突然停电、悬吊平台升降过程中松开按钮后不能停止、悬吊平台因水平倾斜而自动锁绳、工作钢丝绳断裂等特殊情况时，应保持镇静，并采取相应应急措施。

第四节　吊运作业体验

吊运作业是指利用各种吊装机具将设备、工件、器具、材料等吊起，使其发生位置变化的作业过程。

吊运作业体验项目模拟施工现场塔吊吊装作业，展示了四种错误吊装方式的实物模型及吊具模型（吊物单根绑扎不牢、吊物双根绑扎倾斜、长短料混吊、吊物底部没有铺满），使体验者学习各类吊装相关知识。该项目体验现场如图 3-13 所示。

图 3-13　吊运作业体验

一、体验要求和流程

（1）要求体验者能够找出设置的四种错误的吊装方式，并且能够讲出对应的正确操作；

（2）培训师讲解正确的塔吊拆卸方式、使用规范及作业过程中常见的错误的吊装方式，让体验者能够对塔吊及其他起重机械的操作和注意事项有全面的了解。

二、体验注意事项

（1）进入体验区域前体验者需佩戴个人防护用品；

（2）现场体验时要听从培训师的安排，不要随意操作吊装模型，以免发生意外。

三、体验知识点

（1）吊装人员必须经过培训考核并拥有特种作业人员操作证（图 3-14），方可上岗。

（2）吊装作业的分级

吊装作业按吊装重物的质量不同分为：

1）一级吊装作业：吊装重物的质量大于 100t；

图 3-14 起重特种作业操作资格证

2）二级吊装作业：吊装重物的质量大于等于 40t 至小于等于 100t；

3）三级吊装作业：吊装重物的质量小于 40t。

（3）吊装设备在作业时必须具备足够的场地，作业人员必须对工作现场周围环境、地基基础、行驶道路、架空电线、建筑物以及构件重量和分布等情况进行全面了解，确保塔吊起重臂杆起落及回转半径内无障碍物，并封闭场地，禁止无关人员进入。吊臂与高压电线距离要求如表 3-1 所示。

吊臂与高压电线距离规范　　　　　　　　　　　　　表 3-1

安全距离（m）＼电压（kV）	<1	10	35	110	220	330	500
沿垂直方向	1.5	3	4	5	6	7	8.5
沿水平方向	1.5	2	3.5	4	6	7	8.5

（4）吊点位置的确定及调整

吊装作业中，为避免吊装物的倾斜、翻倒、变形损坏，应根据物体的形状特点、重心位置，正确选择起吊点，使物体在吊运过程中有足够的稳定性，以免发生事故。

吊点确定通常有以下几个方法：

1）试吊法选择吊点

先估计吊件重心位置，采用低位试吊的方法来逐步找到重心，确定吊点的绑扎位置。

2）有吊耳环的吊物

对于有吊耳环的构件，应使用耳环作为吊点。在吊装前应检查耳环是否完好，必要时可加保护性辅助吊索。

3）方形吊物吊点的选择

一般采用四个吊点，四个吊点位置应选择在四边对称的位置上。吊点应与吊物重心在同一条铅垂线上，使吊物处于稳定平衡状态。

（5）吊装作业前作业人员必须对所有的连接部件、紧固件、钢丝绳以及任何其他松动部件进行检查，确保设备无故障，安全设施可以正常运行。

（6）吊装作业时，只允许有一名信号工向起重机操作员传递信号，如果通信中断，应立即停止起重机的运行，直到恢复通信。信号要站在起重机操作员容易看到的地方，主要通过对讲机与起重机操作员进行沟通。

（7）塔吊作业时，起重臂和重物下方严禁有人停留、工作或通过。重物吊运时，严禁从人上方通过。严禁用塔吊载运人员。

（8）吊装零散材料（如碎石、砖块、瓷砖、石板或其他物品）使用吊斗装载承运如图3-15，吊斗应妥善封闭防止材料意外掉落，气割、气焊作业使用气体钢瓶，使用专用吊笼载运如图3-16。

图 3-15　吊斗　　　　　　　图 3-16　吊笼

（9）塔吊作业的"十不吊"（图3-17）：

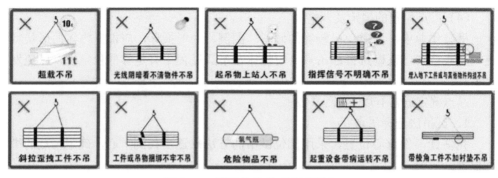

图 3-17　塔吊作业的"十不吊"

1）被吊物重量超过机械性能允许范围内不吊；

2）指挥信号不明、重量不明、光线暗淡不吊；

3）工作面站人或工作面浮放有活动物不吊；

4）埋在地下的物件不拔不吊；

5）斜拉斜牵物不吊；

6）吊索和附件捆不牢不符合安全要求不吊；

7）行车吊挂重物直接进行加工时不吊；

8）氧气瓶、乙炔发生器等具有爆炸性物品不吊；

9）机械安全装置失灵或带病时不吊；

10）天气恶劣，六级以上强风不吊。

四、培训策略

（1）结合现场展示的四种错误吊装方式的实物模型，分别为吊物单根绑扎不牢、吊物底部没有铺满、长短料混吊及吊物双根绑扎倾斜，如图 3-18 所示，先让体验者找出这些吊装方式中存在哪些问题，并让体验者互相交流。然后，培训师再讲解其对应的正确吊装方式。

图 3-18　四种错误吊装方式

（2）培训师可假定一些吊装作业环境，如必须在夜间进行吊装、大雪、大雾或大风等异常气候状态下的应急抢险吊装、有可能产生易燃易爆或有毒有害气体的吊装环境等，让各体验者针对吊装前准备、吊装位置及相应吊装设备选用、吊装操作方法、质量及安全控制措施等内容发表个人意见，并相互讨论。在此过程中，培训师要及时帮体验者纠正错误的内容。

（3）体验结束时，培训师要引导体验者总结该项目的体验效果：

吊装过程中的每一个环节都涉及安全问题，如果在作业过程中不按照一定的安全规范操作而发生意外将损害自己或他人的人身安全。

第五节　建筑施工机械体验考核

一、填空题

1. 钢丝绳绳卡应在受力绳一边，绳夹间距不应小于钢丝绳的_____倍。

2. 施工升降机应为人货两用电梯，其安装和拆卸工作必须由取得建设行政主管部门颁发_____的专业队负责。

3. 最多允许有_____名信号工向起重机操作员传递信号，如果信号中断，应该立即停止起重机的运行。

4. 在使用起重机作业时如遇_____及以上大风或阵风，应立即停止作业，将_____完全放开，起重臂应能随风转动。

5. 在塔吊安拆作业中，施工现场塔吊必须设置防护措施，围挡高度不得低于_____m。

6. 遇到_____以上大风气候时，应停止高空和露天焊割作业。

7. 施工现场电焊作业，周围_____m范围内不得堆放易燃易爆物品。

二、选择题

1. 钢丝绳末端结成绳套时，最少用（　　）个卡子。
   A. 1　　　　　　B. 2　　　　　　C. 3　　　　　　D. 4

2. 当同一施工地点有两台搭机同时作业时，应保持两机间任何接近部位（包括吊装物）距离不得小于（　　）m。
   A. 1　　　　　　B. 2　　　　　　C. 3　　　　　　D. 4

3. 升降机在使用中每隔（　　）个月，应进行一次坠落试验。
   A. 1　　　　　　B. 2　　　　　　C. 3　　　　　　D. 4

4. 大型吊车双吊车吊装时，溜尾最好采用（　　）。
   A. 单吊点　　　B. 双吊点　　　C. 多吊点　　　D. 都可以

5. 电焊机一次侧电源线的长度不应大于（　　）。
   A. 3m　　　　　B. 5m　　　　　C. 8m

6. 采用双机抬吊作业时，每台起重机荷载不得超过允许荷载的（　　）。
   A. 0.8　　　　　B. 0.85　　　　C. 0.9

7. 塔式起重机拆装工艺由（　　）审定。
   A. 企业负责人　　　　　　　　B. 检验机构负责人
   C. 企业技术负责人　　　　　　D. 验收单位负责人

8. 工作场所的设备、工具、用具等设施应（　　）。
   A. 考虑保护劳动者身体健康的要求

B. 符合保护劳动者生理、心理健康的要求

C. 满足生产要求

D. 只要满足安全要求

三、判断题（正确的打 √，错误的打 ×）

1. 在吊装过程中，作业人员可以通过打手势直接引导控制。（　　）

2. 设备在使用之前，先打开总开关，空载试转几圈，待确认安全无误后才允许启动。（　　）

3. 吊篮内必须 2 人同时作业，操作人员应佩戴好安全带，安全带与安全绳通过锁绳器连接。（　　）

4. 吊篮悬挂机构严禁支撑在女儿墙上或女儿墙外，但可以支撑在悬挑结构边缘。（　　）

5. 操作升降机时，操作人员应根据指挥信号操作，作业前应鸣声示意。（　　）

6. 施工升降机的吊笼内空净高度不得小于 2m。（　　）

四、简答题

1. 简述塔吊作业的"十不吊"原则。

2. 建筑施工机械与工厂内的机械设备有哪些不同之处？

3. 施工升降机作业前要注意什么？

第四章 建筑施工临时用电体验

建筑施工现场临时用电，是指施工企业针对施工现场需要而专门设计、设置的临时用电系统。临时用电由于在施工过程结束后要拆除，期限短暂，往往被忽视，导致施工现场触电事故时有发生。

第一节 综合用电体验

该项目利用脉冲电压模拟触电，体验者触摸面板体验小于 1mA 电流经过人体的触电感觉，认识到不同大小的电流对人体造成的伤害，学习安全用电知识，提高安全用电意识。同时，还包含各种用电设备展示。该项目体验现场如图 4-1 所示。

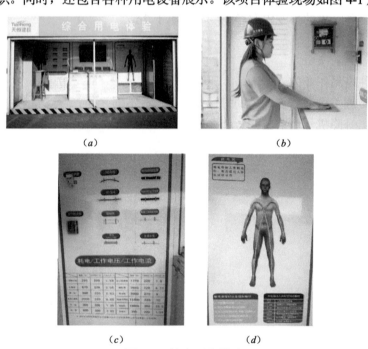

（a） （b）

（c） （d）

图 4-1 综合用电体验

一、体验要求和流程

（1）接通电源，检查各个开关工作是否正常；

（2）按下电源按键，指示灯亮；

（3）触电体验时，体验者将双手同时平铺放置在带电面板上，如图 4-1（b）所示；

（4）此时会产生大约 1mA 的脉冲电流经过人体，使体验者明显感受到被微弱电流电击到的真实麻麻的感觉；

（5）同时旁边的模拟人体电路图也会亮起红色标示，表示有电流经过人体，如图 4-1（d）所示。

二、体验注意事项

（1）进行触电体验时，体验者的双手要与带电面板接触，不可两根手指分别触摸带电面板，正确体验姿势见图 4-1（b）；

（2）体验者不可长时间接触带电面板。

三、体验知识点

（1）建筑施工现场的电工属于特种作业工种，必须按国家有关规定经专门安全作业培训，取得特种作业操作资格证书，方可上岗作业。其他人员不得从事电气设备及电气线路的安装、维修和拆除。图 4-2 为电工上岗证。

图 4-2　电工上岗证

（2）配电箱、开关箱的接线、维修等应由专业电工操作，非电工人员禁止操作。

（3）开关箱应按照"一机一箱一闸一漏"的配备，即每台用电设备必须有自己专用的开关箱，专用开关箱内必须设置独立的隔离开关和漏电保护器，严禁"一闸多用"、撕拉乱拽、拖地行走。图 4-3 所示为"一机一闸一箱一漏"示意图。

（4）维修机器停止作业时，要与电源负责人联系停电，要悬挂警示标志，卸下保险丝，锁上开头箱。图 4-4 所示为禁止合闸标识。

（5）现场所有配电缆均应符合国家标准及行业标准。三相四线制电缆必须使用五芯电缆，220V 电缆选用三芯电缆，禁止使用两芯或绞线。临时用电工程采用三级配电系统、采用 TN-S 接零保护系统、采用逐级漏电保护系统。

（6）在使用配电箱、开关箱时，作业人员应接受岗前培训，熟悉所使用的电气设

图 4-3　一机一闸一箱一漏示意图　　　图 4-4　禁止合闸标识

备性能和掌握有关开关箱的正确操作方法，严禁地线未接，带电体外露等违章作业。

（7）电流大小对人体造成的伤害

人触电本质是电流通过了人体，致使组织损伤和功能障碍导致死亡，接触时间越长，损害越大。感知电流是引起人的感觉的最小电流，成年男性平均感知电流为 1.1mA，成年女性约为 0.7mA。摆脱电流是人触电后自主摆脱电源的大电流，如成年男性平均摆脱电流约为 16mA，成年女性约为 10.5mA，成年男性最小摆脱电流约为 9mA，成年女性约为 6mA。

致命电流是指在较短时间内危及生命的最小电流，它会使人的心脏正常活动将被破坏，从而失去循环供血技能，因此也称为心室颤动电流。当通电时间超所心脏搏动周期时，心室颤动电流值急剧下降，危险性急剧增加；通电时间为 0.03s 时心室颤动电流约为 1300mA，3s 时约为 500mA。

四、培训策略

（1）先引导体验者参观各个用电设备，如图 4-1（c）所示，并讲解开关、灯具、线路以及接口的规格和使用方式。

（2）在讲解电箱的配备要求时，可以向体验者展示几种在施工现场常见错误的电箱（图 4-5），让体验者将错误电箱与正确电箱进行对比后，找出都有哪些错误。体验者指出一部分或者全部错误后，由培训师依次讲解每一个电箱的错误之处，让体验者加深印象。

图 4-5　错误电箱展示

（3）为了让体验者更进一步认识到不同大小的电流对人体造成的伤害，可以指导体验者体验下稍微更为强烈的脉冲电流，以进一步提高体验人员安全用电意识。

（4）体验结束后，培训师要引导体验者总结该项目的体验效果，并介绍触电事故发生时的应急措施顺序：

1）切断事故电源；

2）把伤员移动至安全场所；

3）确定伤员的意识、外伤、出血状态；

4）实行人工呼吸等应急措施；

5）以上措施和报警同时进行。

第二节　湿地触电体验

利用多媒体技术投影到地面平台上，还原湿地场景，从而模拟带电的潮湿环境，体验者穿上带电拖鞋后，走上湿地平台，可感受到触电感觉，从而让体验者意识到在潮湿环境作业环境下更易发生触电事故。该项目体验现场如图4-6所示。

图4-6　湿地触电体验

一、体验要求和流程

（1）体验者脱下鞋袜，穿上特制的导电拖鞋，缓慢走在湿地接触平台上；

（2）培训师启动电源按键，指示灯亮；

（3）警示音响起时，体验者会感受到1mA的脉冲电流流经人体时的触电感觉。

二、体验注意事项

（1）接通电源后，培训师需检查各个开关工作是否正常；

（2）体验者必须换上特制拖鞋方可进入体验区域。导电拖鞋见图4-7；

图4-7　导电拖鞋

（3）体检者严禁在平台上方蹦跳。

三、体验知识点

1. 湿地触电的危险性

地面有水时更容易触电，主要是地面导电性增强，人与大地间电阻降低，电压是一定的，那么人体的电流就会增加，超过30mA就会发生危险。在这样的环境中，安全电压为12V，人们通常认为安全电压为36V、24V的环境中，都视为危险电压。另外，特别潮湿的环境也能增强一定的人体皮肤导电性。

2. 发现有人触电后，首先应立即关闭开关、切断电源。

脱离电源的方法有：

（1）如开关箱在附近，可立即拉下闸刀或拔掉插头，断开电源。

（2）如距离闸刀较远，应迅速用绝缘良好的电工钳或有干燥木柄的利器（刀、斧、锹等）砍断电线，或用干燥的木棒、竹竿。硬塑料管等物迅速将电线剥离触电者。

（3）若现场无任何合适的绝缘物可利用，救护人员亦可用几层干燥的衣服或将手包裹好，站在干燥的木板上，拉触电者的衣服，使其脱离电源。

（4）对高压触电，应立即通知有关部门停电，或迅速拉下开关，或由有经验的人采取特殊措施切断电源。

3. 对症救治触电者，可按下列三种情况分别处理：

（1）对触电后神志清醒者，要有专人照顾、观察，情况稳定后，方可正常活动，对轻度昏迷或呼吸微弱者，可针刺或掐人中。

（2）对触电后无法呼吸但心脏有跳动者，应立即采用口对口人工呼吸；对有呼吸但心脏停止跳动者，则应立刻进行胸外心脏按压法进行抢救。

（3）若触电者心脏和呼吸都已停止，则须同时采用人工呼吸和俯卧压背法、仰卧压胸法等措施交替进行抢救。

4. 湿地触电时的应急救助措施：

（1）立即关闭开关、切断电源。同时，用木棒、皮带、橡胶制品等绝缘物品挑开触电者身上的带电物品，并应立即拨打报警求助电话。

（2）解开妨碍触电者呼吸的紧身衣服，检查触电者的口腔，清理口腔黏液，如有假牙，则应取下。

（3）立即就地进行抢救。如呼吸停止，应采用口对口人工呼吸法抢救；如心脏停止跳动，应进行人工胸外心脏按压法抢救，绝不能无故中断。

（4）如有电烧伤的伤口，应包扎后到医院就诊。

四、培训策略

（1）体验前需讲解湿地更易触电的原因，让体验者进一步增强湿地触电防范意识。

（2）培训师可现场展示一些绝缘物品（如干木棒、皮带、橡胶制品等）及非绝缘物品（如湿木棒、湿毛巾、普通手套等），让体验者找出哪些是可以用来挑开湿地触电者身上的带电物品的，哪些是不可以使用的，以让体验者加深印象。

（3）可让体验者根据自身认知情况，提出一些触电时的应急救助措施，并相互交流、相互纠错，在这过程中培训师要总结常见的错误救助方法。在此基础上，培训师再依次讲解当发生湿地触电时的应急救助措施，以让体验者加深印象。

（4）体验完毕后，培训师要引导体验者总结该项目的体验效果：

1）潮湿的环境下作业由于电源线绝缘性能降低，防护不到位容易导致触电事故发生。

2）在潮湿环境下必须佩戴绝缘防护用品。

3）作业人员作业时电源线应依墙悬挂，禁止拖地，无挂点时可用支撑架支撑，人行过道悬挂 2m 以上。

4）潮湿环境作业照明应选择安全电压 36V 以下的照明设备。

第三节　跨步电压体验

电气设备碰壳或电力系统一相接地短路时，电流从接地极四散流出，在地面上形成不同的电位分布，人在走近短路地点时，两脚之间的电位差叫跨步电压。

跨步电压体验项目通过多媒体技术模拟了跨步电压的环境，当体验者进入跨步电压区域时，利用感应装置，电视屏幕会显示人体状态，体验者可亲身体验跨步电压带来的触电伤害，并且能够学习到在跨步电压环境下如何自救。该项目体验现场如图 4-8 所示。

图 4-8　跨步电压体验

一、体验要求和流程

（1）体验者单脚踏入设备的模拟带电接触点，跨步前进至最前高压线掉落处；

（2）每走一步都要使得模拟带电触点反映到屏幕上，屏幕显示体验者缓慢接近高压线接地处；

（3）当体验者走到中心位置时，屏幕会模拟体验者因跨步产生的电压接触到人体，产生触电身亡事故。

二、体验注意事项

（1）体验者需单脚依次踏准模拟带电体，以此来感应屏幕。跨步电压正确体验姿势如图 4-9 所示；

图 4-9　跨步电压正确体验姿势

（2）体验者严禁在平台上蹦跳。

三、体验知识点

1. 跨步电压及其引起触电的原因

跨步电压是断线落地点或带电拉线入地点周围地面上任何两点间的电压，两点间距离愈大电压愈高。当人走进这个地区时，前脚着地点的电压高于后脚落地点的电压，两脚间就存在电压差，因而就有电压加在人身上。当人体站在距离电线掉落点 8 ~ 10m 以内，就可能发生触电事故，这种触电叫作跨步电压触电。

人与电线落地点越近，跨步的步距越大，跨步电压就越高，触电后果就越严重。当误入到跨步电压的电压弧边缘位置时，身体会呈现出轻微麻痹的状态；当靠近电压弧中间位置，身体会呈现出严重麻痹或疼痛的感觉；当进入到电压弧中心位置时，就会直接发生触电身亡的事故。

2. 跨步电压环境下的自救措施

若误入到电压弧边缘位置，身体呈现轻微麻痹时，应迅速选择单腿向后跳，跳出电压弧的区域。单脚落地可减少电压差，或者小步走出危险区，切不可大步跑动。

四、培训策略

（1）结合屏幕上呈现的模拟跨步产生的电压，培训师要先讲解跨步电压的概念及其引起触电的原因，以增强体验者对跨步电压触电的防范意识。

（2）可让体验者根据自身认知情况，提出一些跨步电压环境下的自救措施，并相互交流、相互纠错，在这过程中培训师要总结常见的错误自救方法。在此基础上，培训师再讲解当误入跨步电压环境下的自救措施，以让体验者加深印象。

（3）体验完毕后，培训师要引导体验者总结该项目的体验效果：

1）在施工现场，当发现电线坠地或者设备漏电情况时，切不可随易跑动和触摸金属物体，并保持 10m 以上距离，并及时通知管理人员或专业电工。

2）一旦不小心跨入断导线落地点且感受到跨步电压时，应尽快双腿并拢或用一只脚跳离断线落地点。

3）当必须进入断线点救人或排除故障时，一定要穿绝缘靴。

第四节　临时用电体验考核

一、填空题

1．施工现场用电设备必须实行"＿＿＿＿"制，一个开关只能控制一台设备。

2．建筑施工现场临时用电工程专用的电源中性点直接接地的 220/380V 三相四线制低压电力系统，必须符合＿＿＿＿＿＿、＿＿＿＿＿＿、＿＿＿＿＿＿规定。

3．通过人体的最低安全电流为＿＿＿＿mA。

4．电工在停电维修时，必须在闸刀处挂上"＿＿＿＿＿＿＿＿"的警示牌。

5．发现有人触电后，应立即＿＿＿＿＿＿＿＿。同时，用＿＿＿＿＿＿＿＿挑开触电者身上的带电物品。

6．总配电箱中漏电保护器的额定漏电动作电流应大于＿＿＿＿mA。

7．电器开关箱及用电机械设备必须有＿＿＿＿线。

8．手持照明灯必须使用＿＿＿＿V 及以下的灯具。

二、选择题

1．开关箱中漏电保护器的额定漏电动作电流不应大于（　　）mA。

　　A．10　　　　　　B．20　　　　　　C．30　　　　　　D．40

2．电焊机一次接线的长度不能大于（　　）m。

　　A．3　　　　　　B．5　　　　　　C．8　　　　　　D．10

3．防止触电的技术措施不包括（　　）。

　　A．绝缘　　　　　B．屏护　　　　　C．穿工作服

4．电气装置或电气线路带电部分的某点与大地连接、电气装置或其他装置正常时不带电部分某点与大地的人为连接都叫（　　）。

　　A．接地　　　　　B．接零　　　　　C．接车体

5．电线接地时，人体距离接地点越近，跨步电压越高；距离越远，跨步电压越低，一般情况下距离接地体（　　），跨步电压可以看成是零。

A．10m 以内　　　B．20m 以外　　　C．30m 以外

6．安装、巡检、维修或拆除临时用电设备和线路，必须由（　　）完成。

A．现场电工　　　　　　　　　B．现场技术人员

C．现场管理人员　　　　　　　D．现场安全员

7．在潮湿和易触电及带电体场所的照明电源电压不得大于（　　）V。

A．18　　　　　B．24　　　　　C．36　　　　　D．42

8．开关箱应设置在用电设备邻近的地方，与用电设备水平间距不宜超过（　　）m。

A．2　　　　　B．3　　　　　C．5　　　　　D．8

三、判断题（正确的打 √，错误的打 ×）

1．配电箱、开关箱的接线应由电工操作，非电工人员不得乱接。（　　）

2．如果遇到高压线断落，自己又在跨步电压范围内，这时，应当用双脚跳出危险区。（　　）。

3．接地线必须是三相短路接地线，不得采用三相分别接地或单相接地。（　　）

4．TN-S 系统是指电力系统中性点直接接地，整个系统的中性线与保护线是合一的。（　　）

5．无论高压设备是否带电，工作人员不得单独移开或越过遮拦进行工作；若有必要移开遮拦时，应有监护人在场。（　　）

6．施工现场总配电箱中必须装设漏电保护器。（　　）

7．配电线可敷设在树木上或直接绑挂在金属构架和金属脚手架上。（　　）

8．在施工现场或生活区内可以根据自己的需要私自拉接电线。（　　）

9．切断总电源开关前，操作人员不得离开操作岗位。（　　）

四、简答题

1．在停、送电时，配电箱、开关箱之间的操作顺序是什么？

2．请简述电流对人体的伤害。

3．施工现场配电箱、开关箱有哪些安全技术要求？

4．施工现场三级配电指的是什么？

5．发生人身触电时，应如何处理？

第五章　消防安全体验

近年来建筑施工现场发生的各类生产安全事故中，火灾事故所占的比例虽然不大，但期间发生的几起火灾事故都属于重大、特大生产安全事故，造成重大人员伤亡和财产损失，并产生恶劣的社会影响。尤其随着城市建设的不断加快，建筑施工中出现的大量火灾隐患，给社会公共安全带来极大危害。

第一节　消防用品展示和认知

通过展示介绍，让体验者认识各类消防设施，并学习使用方法，提高初期灭火能力；并向他们传达一些消防法律法规，提高体验者的消防安全意识。该项目体验现场如图 5-1 所示。

图 5-1　消防用品展示

一、体验要求和流程

（1）培训师介绍建筑施工现场常见消防设施的类型、适用范围及设置要求；

（2）讲解遇到火灾紧急情况时，应该如何处置，包括火灾报警、有组织的撤离及火灾逃生方法；

（3）介绍常用消防法规知识。

二、体验注意事项

（1）不得随意使用体验场所的消防设备，以免操作不当伤人；

（2）必须在培训师的正确引导下参观、体验。

三、体验知识点

1．消防器材的分类

消防器材是指用于灭火、防火以及火灾事故的器材，可分为灭火类和报警类两大类。

（1）灭火类：主要包括灭火器、消防栓及破拆工具类（如消防斧、切割工具）等。

（2）报警类：主要包括火灾探测器、报警按钮、报警器、火灾报警控制器、多功能报警器等。

2．建筑施工现场消防器材的设置规范

（1）临时搭设的建筑物区域内，每100m^{2}配备2只10L灭火器。

（2）大型临时设施总面积超过1200m^2，应备有专供消防用的积水桶（池）、黄沙池等设施，上述设施周围不得堆放物品。

（3）临时木工间、油漆间、木具间和机具间等每25m^{2}配备一只种类合适的灭火器，油库危险品仓库应配备足够数量、种类合适的灭火器。

（4）24m高度以上高层建筑施工现场，应设置具有足够扬程的高压水泵或其他防火设备和设施。

图5-2为施工现场消防器材摆放实例图。

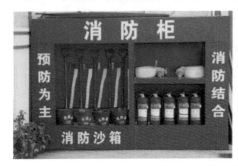

图5-2　消防器材摆放实例图

3．消火栓的使用要求

消火栓是一种固定式消防设施，主要作用是控制可燃物、隔绝助燃物、消除着火源。分室内消火栓和室外消火栓。室内消火栓的操作方法如图5-3所示：

（1）当火灾发生时，找到离火场最近的消防栓，打开或击碎消防栓箱门，取下水枪拉转水带盘，拉出消防水带；

（2）展开消防水带；

（3）将水带的一端接到消防栓出水口上；

（4）将水带的另一端接到消防水枪上；

（5）拉到起火点附近后可打开消防栓上的水阀开关；

（6）对准火源根部，进行灭火。

当消防泵控制柜处于自动状态时直接按动消火栓按钮启动消防泵，当消防泵控制柜处于手动状态时应及时派人到消防泵房手动启动消防泵。消防栓水不得改为施工、生活用水。

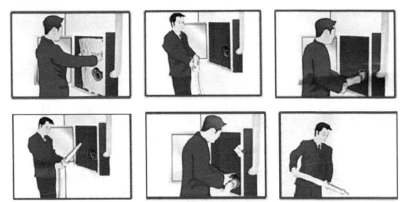

图 5-3　室内消火栓的操作方法

4．火场逃生及自救应急措施项

（1）首先选择疏散楼梯，室外疏散楼梯逃生，不要乘坐普通电梯逃生。

（2）通道被烟火封堵，可利用阳台、窗口、屋顶、排水管、避雷线等逃生，要首先确认其是否牢固可靠。用结实的绳子或现场结实的布制品、塑料制品等拧成绳子，拴在室内牢固的地方，然后沿绳下滑逃到安全地带。

（3）在火灾初期，可向头上、身上浇些水，用湿棉被、毯子等将身体裹好，冲出火场。

（4）被困房里，应关紧门窗，用湿毛巾、衣物等将门窗缝隙或洞口堵死，且不断向门窗、近火墙壁、地面及屋内一切可燃物浇水降温。

（5）如被困二楼，危急时可跳楼逃生。被困三楼及以上楼层时，不要跳楼，尽量采用其他方法逃生。

（6）火灾逃生必须做防烟准备，用湿毛巾捂住口鼻，如没有湿毛巾，用干毛巾，衣物等织物叠成多层捂住口鼻。

（7）火灾初期阶段，临近地面的烟气比较稀薄，应采用低姿势逃出火场。如果烟雾太浓，在辨明正确方向后，应沿地面爬行，逃离火场。

四、培训策略

（1）通过对现场展示的各类消防用品（图 5-4）的介绍，包括消防栓、灭火器、消防沙箱、消防铲、消防斧、灭火毯等，使体验者先对身边常见的消防用品类型有所了解。

（2）培训师可设定几种不同情况的建筑施工现场，比如临时搭设的建筑、存放易燃易爆物品区域、大型临时设施等，让体验者设置各施工现场所需要配备的相应消防用品，以让其更好地掌握建筑施工现场消防器材配置要求。

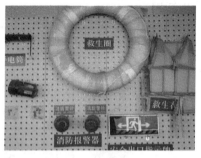

图 5-4　常见消防用品的展示

（3）消防栓是较常用的消防器材。可挑选有兴趣参与的体验者，让其现场模拟消防栓的使用方法，并让其他体验者指出其体验过程中存在的错误操作方式并加以纠正。然后，培训师可再完整示范消防栓的正确使用方法。

（4）关于火场逃生的技巧，可先让体验者各抒己见，培训师尤其要指出并纠正体验者给出的火灾逃生错误方法，再强调火灾逃生的注意事项。

（5）体验结束时，培训师要引导体验者总结该项目的体验效果：

1）建筑施工现场必须按照要求配备消防设施，这些消防设施只适用于扑灭初期火灾。

2）发现灾情后应该冷静判断火势，根据火源情况进行扑灭或者及时拨打火警电话 119 并呼救提醒、组织人员有序撤离。

3）私自移动、挪用消防器材是一种违法行为。

第二节　灭火器演示体验

灭火器演示体验项目通过声光电模拟真实的火灾现场，利用气泵模拟灭火器。通过多媒体模拟多种起火场景，体验者可选择不同种类的灭火器进行灭火体验，从而可学习灭火器的使用方法及适用范围。该体验项目现场如图 5-5 所示。

图 5-5　灭火器演示体验（一）

图 5-5　灭火器演示体验（二）

一、体验要求和流程

（1）由培训师开启体验设备，通过声，光，烟，模拟真实火灾场景；

（2）体验者选择相应灭火器进行灭火，体验时应将喷管瞄准火源的底部；

（3）灭火完毕后，应恢复灭火器。

二、体验注意事项

（1）严禁随意晃动灭火器；

（2）体验时，应将灭火器喷管瞄准火源的底部（图 5-6），严禁对准火源顶部。

图 5-6　灭火器正确使用方法

三、体验知识点

1．灭火器的种类及适用范围

灭火器是一种可携式灭火工具，是常见的防火设施之一，存放在公众场所或可能发生火灾的地方。不同种类的灭火器内装填的成分不一样，是专为不同的火灾起因而设，使用时务必注意以免产生反效果。

（1）干粉灭火器

又称为万用灭火器，内充干粉灭火剂，可以扑灭如石油制品、可燃气易燃液体、电器设备等引起的所有种类的火灾。

（2）泡沫灭火器

用于扑救一般固体物如木材、丝锦织品等的火灾，但不适用扑救油类及带电的电气设备火灾。

（3）二氧化碳灭火器

一般用于固体、液体及带电设备，如用于扑救贵重仪器和设备、档案资料、仪器仪表电器及油类等火灾。

（4）清水灭火器

只能扑灭固体火灾，如：木材、棉花等。

施工现场必须配备合格的灭火器。灭火器为压力容器，压力表指针处在绿色区域并在有效期内为合格、正常，处在红色区域为压力不足无法达到灭火效果，处在黄色区域为压力过大容易导致灭火器爆炸危险。

2. 灭火器的使用方法

（1）一提：找到合格的灭火器，提到着火位置；

（2）二拔：拔掉灭火器上方的保险栓；

（3）三瞄：站在火源的上风口，对准火源的根部位置；

（4）四喷：向下按压。

图 5-7 所示为灭火器使用方法示意图。

图 5-7　灭火器使用方法示意图

四、培训策略

（1）结合现场不同类型灭火器的展示（图 5-8），培训师要向体验者介绍灭火器的种类及其适用范围。并尤其要强调，不同种类的灭火器是专为不同的火灾起因而设的，使用时务必注意以免产生反效果。

图 5-8　不同种类灭火器的展示

（2）可挑选有兴趣参与的体验者，帮其现场演示灭火器的使用方法，并让其他体验者指出其操作过程中存在的错误方法并经交流后加以纠正。然后，培训师可再完整示范灭火器的正确使用方法。

（3）培训师可设定几种不同情况的建筑施工现场火灾情况，比如施工现场电气着火、焊接引起着火、喷涂作业引起的着火等，让体验者提出相应的火灾扑救办法，并纠正其中错误的着火扑救方法。然后，培训师再给出正确方法，比如施工现场电气着火扑救方法为：先切断电源，再使用砂土、二氧化碳或干粉灭火器进行灭火。

（4）体验结束后，培训师要引导体验者总结该项目的体验效果：

1）施工现场必须配备合格灭火器。

2）使用灭火器灭火时应该选用合适的灭火器种类。

3）灭火器只适用于火灾初起的现场扑救，当火着大时，应快速远离并及时拨打报警电话或通知项目部管理人员。

第三节　火灾隐患查找

火灾隐患查找体验项目设置六个不同场景，体验人员可通过找找看方式挑选出场景内存在的火灾隐患，增加体验人员排查火灾隐患的能力。该项目体验现场如图 5-9 所示。

图 5-9　火灾隐患查找体验

一、体验要求和流程

（1）由培训师选择火灾隐患场景；

（2）由体验人员挑选出场景内存在的 6 种火灾隐患。

二、体验注意事项

（1）禁止私自变换火灾场景的选取，必须在培训师的指导下进行；

（2）按照显示屏上步骤进行，不可跳步体验。

三、体验知识点

常见的火灾隐患主要有：

（1）建筑布局不合理的，发生火灾后易蔓延或影响其他建筑物安全的。

（2）建筑物的结构和耐火等级与其使用性质不相符的，不符合防火规范要求的。

（3）建筑物的通风采暖系统、电气设备、内部装饰装修不符合要求的。

（4）火源、热源、电源距可燃物较近的，如炉灶、火炉、锅炉、蒸气、电热器具、煤气灶、煤气热水器、煤气管道靠近可燃物或可燃结构的。

（5）禁火区内有火源的。

（6）易燃、易爆危险性较大的场所的电气设置不符合防火防爆要求的。

（7）没有按规定设置避雷设施的或避雷设备失效的。

四、培训策略

（1）为激发体验者参与体验的兴趣，可将体验者分成若干组分别进行体验，并根据查找火灾隐患的时间长短进行比赛。

（2）体验结束后，培训师要引导体验者总结该项目的体验效果：

消防存在盲区，会滋生很多消防隐患，要定期与不定期进行火灾自查，如施工现场线路是否老化、是否备有灭火工具、现场人员是否能正确使用、是否都了解逃生路线等。

第四节　模拟119报警

模拟119报警体验项目模拟发生火灾后，使用电话拨打119报警，体验人员可学习正确报警流程，锻炼体验者遇突发事件仍要保持头脑清醒。该项目体验现场如图5-10所示。

图 5-10　模拟 119 报警

一、体验流程

（1）场景内随机出现火灾场景；

（2）体验人员与软件内模拟人物进行对话；

（3）按照屏幕提示进行正确报警，包括起火地点、燃烧物质、火势状况、着火范围，及报警人姓名、电话号码等。

图 5-11 所示为模拟 119 报警流程图。

图 5-11　模拟 119 报警流程

二、体验注意事项

（1）报警时，应使用普通话、吐字清晰；

（2）按照屏幕显示回答相应的问题；

（3）严禁在体验场所大声喧哗，以免仪器设备听不清体验者的回答。

三、体验知识点

该项目主要是教会体验者在遇到火灾的第一时间内正确报警，让消防人员第一时间内了解情况并及时赶到火灾现场，只有这样才能尽量减少人员的伤亡以及财产的损失。

（1）火灾报警

一旦发生火灾，要立即拨打电话"119"报警。接通电话后要沉着冷静，向接警中心讲清起火地点、燃烧物质、火势大小、着火范围，以及是否有人被困等情况。同时，还要注意听清对方提出的问题，以便正确回答。

把自己的电话号码和姓名告诉对方，以便联系。

报警后，派专人到通往火场的路口、厂门口或街道巷口接应消防车，以便引导消防车迅速赶到火灾现场。

（2）有组织地疏通消防车道及疏散人员

迅速组织人员疏通消防车道，清除障碍物，使消防车到火场后能立即进入最佳位置灭火救援。

消防队未到达之前，由失火单位的领导组织疏散，其他人员服从指挥。火势发展较缓慢且人员较多、疏散条件较差时，应先疏散出口附近的危险区域的人员，再视情况告知其他人员疏散。火势猛烈且疏散条件好，可让全体人员同时疏散。

消防队到达后，由消防队组织疏散。

（3）及时、正确报告，以防止发生混乱

如果着火地区发生了新的变化，要及时报告消防队，以便及时改变灭火战术，取得最佳效果。

（4）在没有电话或没有消防队的地方，如农村和边远地区，可采用喊话、敲锣、吹哨等方式向四周报警，以动员乡邻来灭火。

四、培训策略

体验结束时，培训师要引导体验者总结该项目的体验效果：

（1）任何人发现火灾，都应该立即报警，任何单位、个人都应当无偿为报警提供便利。

（2）要牢记火警电话"119"，严禁谎报火警。

第五节　消防安全体验考核

一、填空题

1. 消防工作的方针是＿＿＿＿＿＿＿、＿＿＿＿＿＿＿。

2. 灭火器的正确使用方法是，"一＿＿＿＿＿，二＿＿＿＿＿，三＿＿＿＿＿，四＿＿＿＿＿"。

3. 施工现场必须配备合格灭火器，灭火器为压力容器，压力表指针应处于＿＿＿＿＿色区域。

4. 灭火器的种类有＿＿＿＿＿＿，＿＿＿＿＿＿，＿＿＿＿＿＿，＿＿＿＿＿＿。

5. ＿＿＿＿＿＿＿灭火器是扑救精密仪器火灾的最佳选择。

6. 火警电话为＿＿＿＿＿＿。

7. 电气焊工必须持＿＿＿＿＿＿、＿＿＿＿＿＿方准进行动火作业。

8. 施工现场发生火灾时，应以＿＿＿＿＿＿＿＿＿＿＿＿＿为主要任务。

9. 在建工程作业场所的临时疏散通道应采用＿＿＿＿＿＿材料建筑。

二、选择题

1. 用灭火器灭火时，灭火器的喷射口应该对准火焰的（　　　）。

　A. 上部　　　　　B. 中部　　　　　C. 根部

2. 火灾初起阶段是扑救火灾（　　　）的阶段。

　A. 最不利　　　B. 最有利　　　C. 较不利

3. 采取适当的措施，使燃烧因缺乏或断绝氧气而熄灭，这种方法称作（　　　）。

A．窒息灭火法   B．隔离灭火法

C．冷却灭火法

4．带电电器设备发生火灾时，不能用下列（　　）扑灭。

A．卤代烷   B．水   C．干粉

5．消防安全重点单位的消防工作，实行（　　）监督管理。

A．分级   B．分类   C．统一

6．施工现场的厨房操作间、配电机房、设备用房是重点防火部分或区域，应设置（　　）。

A．泡沫灭火器   B．干粉灭火器

C．消火栓箱   D．防火警示标识

三、判断题（正确的打√，错误的打×）

1．泡沫灭火器可用于带电灭火。（　　）

2．发现火灾时，单位或个人应该先自救，如果自救无效，火越着越大时，再拨打火警电话119。（　　）。

3．灭火器材设置点附近不能堆放物品，以免影响灭火器的取用。（　　）

4．发生火灾后，为尽快恢复生产，减少损失，受灾单位或个人不必经任何部门同意，可以清理或变动火灾现场。（　　）

5．人员密集场所发生火灾时，现场工作人员可报警后等待救援。（　　）

6．火灾死亡者80%是由烟熏致死，发生火灾后要迅速用湿毛巾捂住口鼻，沿安全通道匍匐逃生。（　　）

7．为了防止火灾事故的发生，施工现场严禁吸烟。（　　）

8．在建工程作业场所的临时疏散通道可根据场地采用活动或固定爬梯。（　　）

四、简答题

1．简述常见灭火器种类及其使用方法。

2．拨打"119"报火警时，应讲清哪些事项？

3．灭火的基本方法有哪些？

4．施工现场电气发生火情时，应该如何处理？

5．如何发现施工现场的消防安全隐患，谈谈你的想法？

第六章　建筑施工高处作业体验

凡在坠落高度基准面2m以上（含2m）有可能坠落的高处进行的作业，都称为高处作业。近几年来，建筑工程高处坠落事故占建筑工程事故总比例呈上升趋势，而且事故的死亡比例也在不断加大，从有关统计数据来看，高处坠落伤亡事故占建筑工程伤亡事故总比例的40%左右，这一现象已引起相关单位、行政主管部门的高度重视。分析建筑施工高处坠落现象及其原因，参与建筑施工高处坠落事故体验式培训并制定相应的安全预防措施，对正确防范和有效降低建筑安全事故具有重要意义。

第一节　不合格马道体验

施工马道是为了便于施工人员的人行通道，便于小型机具、物资转运，达到安全生产的便利目的。不合格马道体验项目利用实体材料搭设马道，模拟现场马道环境，体验者可进行向上行走体验。该项目体验现场见图6-1。

图6-1　不合格马道体验

一、体验要求和流程

（1）体验者穿戴好个人防护用品，按顺序依次踏上马道，双手扶住马道两边的栏杆；

（2）缓慢向上攀爬，体验者的双脚感受不规则的马道铺设木板所带来的身体行进不稳。

二、体验注意事项

（1）禁止集体集中体验，体验过程中禁止打闹嬉戏；

（2）严禁防护用品未穿戴牢固进行体验；

（3）体验者须缓慢向上攀爬，双手要扶住马道两边的栏杆；

（4）双脚必须在马道木板踩实后，再向上行进，避免脚下打滑摔落下去。

三、体验知识点

合格的马道搭设应符合标准，并做好警示及防腐，才能保障安全。施工现场马道设置相关要求如下：

（1）马道铺设禁止使用有明显变形、裂纹和严重锈蚀的钢管扣件。

（2）马道两边栏杆不低于 1.2m，间距不大于 0.6m。踢脚不低于 0.18m，宽度不小于 0.3m，高度以 0.12 ～ 0.15m 为佳，以达到安全舒适的目的。

（3）人行马道宽度不小于 1m，斜道的坡度不大于 1:3，运料马道宽度不小于 1.5m，斜道的坡度不大于 1:6。

（4）斜道拐弯处应设平台，按临边防护要求设置防护栏及挡脚板。

（5）人行斜道和运料斜道的脚手板上应每隔 250 ～ 300mm 应设置一根防滑木条，木条厚度为 20 ～ 30mm，防滑条间距不大于 30cm。

四、培训策略

（1）结合现场展示的不良马道和合格马道，先让体验者自主将它们进行对比，找出相对合格马道来说不良马道搭设中主要存在哪些问题，然后培训师再讲解施工现场马道设置的相关要求，以让体验者加深印象。

合格的马道设置如图 6-2 所示。

（2）可挑选有兴趣参与的体验者，在佩戴安全防护用品的情况下，分别攀爬不良马道和合格马道，并让体验者就体验感受进行相互交流。

（3）体验完毕时，培训师要引导体验者总结该项目的体验效果；

施工现场必须配备合格、安全的马道，并做好警示，以免出现安全事故，危害人身安全。

图 6-2　合格马道

第二节　不良通道体验

施工现场安全通道是保证作业人员安全的重要措施，是为工人行走、运送材

67

料和工具等设置的。不良通道体验项目通过实体建筑材料还原现场作业环境，让体验人员亲身体验作业并且能够互相纠正错误，从而加强工人对安全通道重要性的认识。该项目体验现场如图 6-3 所示。

图 6-3　不良通道体验

一、体验要求流程

（1）体验者穿戴好个人防护用品后，按顺序通过脚手板未铺满或者劣质脚手板的不良通道；

（2）然后再依次平稳地通过铺满脚手板的安全通道，对比体验施工现场中常见的在劣质脚手板等通道通行所带来的危险性。

二、体验注意事项

（1）禁止体验过程中打闹嬉戏；

（2）严禁防护用品未穿戴牢固进行体验；

（3）体验者必须双手扶住通道两边的栏杆，缓慢通过不良通道；

（4）双脚必须在通道木板踩实后，再向前迈步走过去，避免木板打滑和移动造成人员滑落；

（5）小心踩到探头板，不良通道脚手板下的安全网作为最后一道安全保护措施，务必挂紧挂牢。

三、体验知识点

上下人行通道可附着在建筑物设置，也可附着在脚手架外侧设置，但搭设通道的杆件必须独立设置。架高 6m 以下宜采用一字型斜道，架高 6m 以上宜采用之字型斜道，分别如图 6-4 所示。斜道构造应符合下列要求：

（1）人行斜道宽度不应小于 1m，坡度宜采用 1∶3（高∶长）。

（2）拐弯处应设置平台，平台宽度不小于斜道宽度。

（3）斜道两侧及平台外围均必须设置栏杆及挡脚板。栏杆高度为1.2m，挡脚板高度不应小于150mm。

（4）脚手板必须按脚手架的宽度满铺，板与板之间靠紧，脚手板横铺时，应在横向水平杆下增设纵向支托杆，纵向支托杆间距不应大于500mm。

（5）人行斜道的脚手板上每隔250～300mm设置一根防滑木条，木条厚度宜采用20～30mm。

（6）入口处门洞高不小于1.8m，门洞两侧须挂设安全警示标志牌，斜道必须设置密目网。

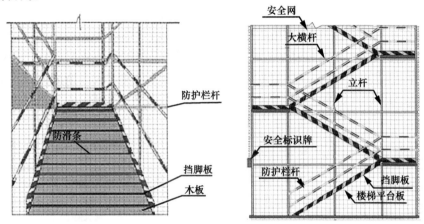

图6-4　脚手架安全通道

四、培训策略

（1）结合现场展示未铺满脚手板的不良通道和铺满脚手板的安全通道，先让体验者自主将它们进行对比，找出相对安全通道来说不良通道设置中主要存在哪些问题，然后培训师再讲解施工现场安全通道设置的相关要求，以让体验者加深印象。

安全通道设置如图6-5所示。

图6-5　安全通道

（2）可挑选有兴趣参与的体验者，在佩戴安全防护用品的情况下，分别通过未铺满脚手板的不良通道和铺满脚手板的安全通道，并让体验者就体验感受进行相互交流。

（3）项目体验完毕后，培训师要引导体验者总结该项目的体验效果：

施工现场必须配备良好的通道以供工人行走、运送材料和工具，避免发生由于通道设置错误带来的危害。

第三节　不良栏杆体验

不良栏杆体验项目是利用电子操控系统与机械传动装置相结合控制栏杆倾倒体验，来模拟施工现场松动的栏杆。体验者在脚手架护栏停靠时，局部栏杆会突然倾倒，感受不良栏杆的危险性及栏杆防护不到位对施工人员造成的危害，以此了解护栏的作用并提高防范意识。该项目体验现场如图 6-6 所示。

图 6-6　不良栏杆体验

一、体验要求和流程

（1）体验人员穿戴好个人防护用品；

（2）系好安全带，并将安全带挂在安全栏杆上，身体紧靠栏杆横杆被包裹处，手握紧防护栏杆，目视前方；

（3）操作人员启动电子开关，身体随栏杆瞬间倾倒；

（4）体验完毕，解开安全带进入等待区等待。

二、体验注意事项

（1）体验前对设备进行全面的检查，包括包裹棉包裹是否牢靠、连接件连接是否牢固、安全立网是否封闭及按钮开关是否灵敏等；

（2）体验时切忌互相嬉戏打闹；

（3）禁止多人共同体验，体验者与体验区要有一定安全距离。

三、体验知识点

（1）临边作业的防护栏杆应由横杆、立杆及不低于180mm高的挡脚板组成，如图6-7所示，并应符合下列规定：

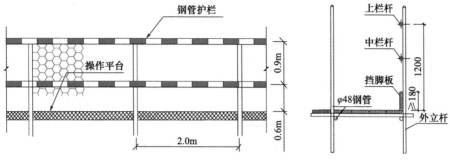

图6-7 防护栏杆设置示意图

1）防护栏杆应为两道横杆，上杆距地面高度应为1.2m，下杆应在上杆和挡脚板中间设置。当防护栏杆高度大于1.2m时，应增设横杆，横杆间距不应大于600mm。

2）防护栏杆立杆间距不应大于2m。

3）当栏杆所处位置有发生人群拥挤、车辆冲击和物件碰撞等可能时，应加大横杆截面或加密立杆间距。

（2）防护栏杆立杆底端应固定牢固，并应符合下列规定：

1）当在基坑四周土体上固定时，应采用预埋或打入方式固定。当基坑周边采用板桩时，如用钢管做立杆，钢管立杆应设置在板桩外侧；

2）当采用木立杆时，预埋件应与木杆件连接牢固。

（3）防护栏杆杆件的规格及连接，应符合下列规定：

1）当采用钢管作为防护栏杆杆件时，横杆及栏杆立杆应采用脚手钢管，并应采用扣件、焊接、定型套管等方式进行连接固定；

2）当采用原木作为防护栏杆杆件时，杉木杆梢径不应小于80mm，红松、落叶松梢径不应小于70mm；栏杆立杆木杆梢径不应小于70mm，并应采用8号镀锌铁丝或回火铁丝进行绑扎，绑扎应牢固紧密，不得出现泻滑现象。用过的铁丝不得重复使用；

3）当采用其他型材作防护栏杆杆件时，应选用与脚手钢管材质强度相当规格的材料，并应采用螺栓、销轴或焊接等方式进行连接固定。

（4）防护栏杆应张挂密目式安全立网。

四、培训策略

（1）体验前，可结合现场设置的防护栏杆，讲解在建筑施工现场临时作业时防护栏杆的搭设、栏杆的杆件规格及连接等相关要求。

（2）可挑选对此项目有兴趣的体验者在佩戴安全防护用品的情况下，体验栏杆突然倾倒对施工人员造成的危害，并让体验者就体验感受进行相互交流。假设在施工现场由于作业人员随意拆除防护栏杆，而拆除之后又未及时恢复到原位，也没有对其他作业人员进行安全交底，或者直接未搭设防护栏杆，或者是虽有栏杆但起不到防护作用，想象栏杆倾倒时可能带来的高空坠落的严重后果。

（3）为提高体验效果，体验时可转移体验者的大脑注意力，即：等体验者准备就绪后，培训师与其交谈聊天，再突然启动按钮，让体验者随栏杆瞬间倾倒。

（4）体验结束时，培训师要引导体验者总结该项目的体验效果：

1）施工现场架体作业时禁止拆除防护。

2）架体必须用密目式安全网沿外立杆内侧进行封闭。

3）高处作业必须系好安全带。

第四节　不良踏板体验

不良踏板体验项目利用机械传动系统传动踏板运动来模拟施工现场的跳板、飞板作业现象，以增强施工人员的安全意识。该项目体验现场见图6-8。

图 6-8　不良踏板体验

一、体验要求和流程

（1）体验者须穿戴好个人防护用品；

（2）系好安全带，双手扶栏杆，双脚岔开，身体重心保持在中心点；

（3）操作人员启动开关，身体随同板运动感受失重的感觉。

二、体验注意事项

（1）体验前必须系好安全带；

（2）体验时禁止多人体验，严禁躲闪、蹦跳等不安全行为。

三、体验知识点

脚手板是在脚手架、操作架上铺设，便于作业人员在其上方行走、转运材料和施工作业的一种临时周转使用的建筑材料。脚手板可采用钢、木、竹材料制作，其铺设要求如下：

（1）作业层脚手板应铺满、铺稳、铺实，不得有空隙和探头飞跳板，距墙面间距不得大于 200mm。

（2）脚手板应设置在三根横向水平杆上。当脚手板长度小于 2m 时，可采用两根横向水平杆支承，但应将脚手板两端与其可靠固定，严防倾翻。

（3）脚手板对接平铺时，接头处必须设两根横向水平杆，脚手板外伸长应取 130~150mm，两块脚手板外伸长度的和不应大于 300mm，如图 6-9 所示。

（4）脚手板搭接铺设时，接头必须支在横向水平杆上，搭接长度应大于 200mm，其外伸出横向水平杆的长度不应小于 100mm，如图 6-10 所示。

（5）作业层端部脚手板探头长度应取 150mm，其板长两端均应支承杆可靠地固定。

（6）在拐角处、斜道平台口处的脚手板，应与横向水平杆可靠连接，防止滑动。

（7）自顶层作业层的脚手板往下计，宜每隔 12m 满铺一层脚手板。

（8）脚手架施工层操作面下方净空距离 3m 内必须设置一道水平安全网，第一道水平网下方每隔 10m 设置一道水平安全网。

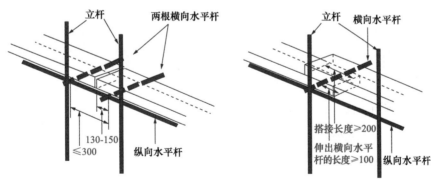

图 6-9　脚手板对接平铺　　　　图 6-10　脚手板搭接铺设

四、培训策略

（1）针对现场展示的不良踏板，先让体验者自主找出其搭设中主要存在哪些问题，并互相交流。然后，培训师再讲解施工现场脚手板铺设的相关要求，包括脚手板对接平铺及搭接铺设等，分别如图 6-9、图 6-10 所示。关于脚手板搭接铺设的要求，可以现场用木条、木板或纸片作演示以配合讲解。

（2）为提高体验效果，体验时可转移体验者的大脑注意力，即：等体验者准备就绪后，培训师与其交谈聊天，再突然启动按钮，让体验者身体随同板运动感受失重的感觉。

（3）体验结束时，培训师要引导体验者总结该项目的体验效果：

1）施工现场为了防止跳板、飞板现象，脚手板一般应铺设在三根以上的横向水平杆上，当脚手板长度小于2m时，可采用两根横向水平杆支承。

2）脚手板两端应与横向水平杆可靠固定，严防倾倒。

第五节　整理整顿体验

施工现场经常会出现在安全通道堆放杂物的情况，严重影响了工作人员的正常通行，并带来一定的安全隐患等问题。该体验要求体验者将安全通道内乱摆放的脚手板清理干净，保障道路通畅。体验有障碍通道和无障碍通道对人员通过的影响，目的是为了培养施工工人养成对场地施工设备进行整齐、有序的整理习惯。该项目体验现场如图6-11所示。

图 6-11　整理整顿体验

一、体验要求和流程

（1）体验人员须穿戴好个防护用品；

（2）体验时将散落物品捡起放入指定的容纳桶内。

二、体验注意事项

（1）体验时须穿戴个人安全防护用品；

（2）切忌互相嬉戏打闹。

三、体验知识点

（1）施工人员要按照每天的作业计划领用设备和资料，做到当天领当天用完。

74

特殊情况下，设备、材料在现场的存放时间也不得超过 3 天。送电线路施工，应根据工程的具体情况，合理确定设备材料的存放时间，保持现场整洁。

（2）设备，材料在现场一定要码放整齐成形，切忌横七竖八，乱摊乱放。

（3）工具和材料、废料要放在不会给他人带来危险的地方，更不能堵塞通道。

（4）现场使用链条葫芦、千斤绳等工器具，不用时要挂放或摆放整齐。

（5）设备开箱要在指定的地点进行，废料要及时清理运走。

（6）木板上、墙面上突出的钉子，螺丝钉要及时割除，以免给自己和他人带来危害。

（7）现场工作间、休息室、工具室要自始至终地保持整洁、卫生和整齐。

（8）上道工序交给下道工序的作业面，要进行彻底的清理整顿，打扫干净。

（9）自觉保护设备、构件、地面、墙面的清洁卫生和表面完好，防止"二次污染"和设备损伤。

（10）主管要每天安排或检查作业场所的清理整顿工作，作业面做到"工完料尽场地清"，整个现场做到一日一清，一日一净。

（11）要自觉协助保持现场卫生设施、饮水设施等的清洁和卫生。

四、培训策略

（1）体验前，培训师可以先向体验者做个初步调查，调查形式可以不限，可以是口头的也可以是书面的。调查内容主要包括：是否按每天作业计划领用设备材料、设备材料在现场是否自觉码放整齐、工具和材料是否会自觉放在不会给他人带来危险的地方、废料是否会及时清理运走、木板上及墙面上突出的钉子是否会及时割除、现场工作间和休息室是否一直保持整洁卫生、是否会自觉地保护设备表面完好等，让所有体验者根据自己平时作业习惯如实参与调查。然后，培训师根据调查结果，再讲解建筑施工现场整理整顿的要领，以加深体验者的印象。

（2）可挑选有兴趣参与的体验者，在佩戴安全防护用品的情况下，分别通过有障碍通道和无障碍通道，让体验者就体验感受进行相互交流，从而真正意识到安全通道堆放杂物不仅会影响人员的正常通行，更严重的会带来一定的安全隐患问题。

（3）体验结束时，培训师要引导体验者总结该项目的体验效果：

1）架体上作业禁止往下抛扔物品，散小构件物放入工具袋内；

2）作业完毕做到"工完脚下清"。

第六节　垂直爬梯体验

垂直爬梯体验项目利用机械传动装置模拟了垂直爬梯倾覆场景，使体验者认识到垂直爬梯倾倒的危害，并掌握爬梯的正确使用方法及安全防护要求。该项目体验现场如图 6-12 所示。

图 6-12　垂直爬梯体验

一、体验要求和流程

（1）选取或指定对此项目感兴趣的体验者进行体验，体验者须穿戴好个人安全防护用品；

（2）攀爬梯体。当攀爬到垂直梯中部时，体验者需握紧梯体，身体靠近梯面；

（3）培训师启动装置，梯子会发生约 30°～40° 左右的倾斜，让体验者体验垂直爬梯倾倒的危害；

（4）倾斜后，缓慢使梯子恢复原位，体验者面向梯子下来。

二、体验注意事项

（1）体验前对设备进行全面检查，如架体各连接件是否连接牢固、开关是否灵敏等；

（2）如果出现太阳暴晒过后，梯子较烫的情况，需要给体验者佩戴手套攀爬；

（3）体验者必须穿戴好防护用品，体验时禁止躲闪以免造成高处坠落。

三、体验知识点

垂直爬梯是简易攀爬工具，作业时要注意：

（1）固定式垂直爬梯应用金属材料制成。梯宽不应大于 50cm，支撑应采用不小于 L70×6 的角钢，埋设与焊接均必须牢固。梯子顶端的踏棍应与攀登的顶面齐平，并设置有 1～1.5m 高的扶手。

（2）梯脚底部应坚实，不得垫高使用，梯子的上端应有固定措施。立梯的工作角度以 70°～80° 为宜，踏板上下间距以 30cm 为宜，不得有缺档。

（3）梯子如需接长使用，必须有可靠的连接措施，且接头不得超过 1 处。连接后梯梁的强度，不应低于单梯梯梁的强度。

（4）上下梯子时，必须面向梯子，且不得手持器物。

（5）使用垂直爬梯进行攀登作业时，攀登高度以 5m 为宜。超过 5m 时，宜加设护笼；超过 8m 时，必须设置梯间平台。

四、培训策略

（1）可先挑选有兴趣参与的体验者，在佩戴好个人安全防护用品的情况下，按自己平时作业习惯攀爬垂直爬梯，让其他体验者指出其攀爬过程中存在的错误操作方法，并相互交流。培训师可根据体验情况，重点讲解垂直攀爬在使用中的几个关键点，如梯体与附着物间的倾角、面朝梯面上下梯、使用垂直爬梯进行攀高作业时。然后，再让体验者按正确操作方法再次攀爬爬梯，以让体验者真正掌握了爬梯的正确使用方法。

（2）为提高体验效果，体验时可转移体验者注意力，即：等体验者攀爬到垂直梯中部准备就绪后，培训师与其交谈聊天，再突然启动按钮，让体验者感受垂直爬梯倾倒时带来的严重后果。

（3）体验结束时，培训师要引导体验者总结该项目的体验效果：

1）爬梯使用前，要检查梯体是否结实、梯腿是否垫稳垫牢、梯体上端是否有固定点等。

2）作业中，梯体与附着物成 75° 角；要穿戴个人防护用品，面朝梯面上下梯，禁止提重物上下梯，以避免发生安全事故。

3）作业后，要解除爬梯固定点，放在安全区，做好防拌人、伤人措施。

第七节　人字梯倾倒体验

人字梯倾倒体验项目设置了同比例人字梯模型，利用机械传动装置传动钢制人字梯倾倒。体验者通过体验，认知人字梯倾倒的危险性，并掌握人字梯的正确使用方法和安全防护要求。该项目体验现场如图 6-13 所示。

图 6-13　人字梯倾倒体验

一、体验要求和流程

（1）选取或指定对此项目感兴趣的体验者进行体验，体验人员须佩戴好个人防护用品（安全帽、工作服、防滑手套、防滑鞋等）；

（2）体验者面朝梯面上梯，双手紧握梯棱，身体尽量贴近梯面。当爬上人字梯大概两阶后，手紧握梯子，做好准备；

（3）培训师启动控制装置，人字梯发生侧倾，体验者保持重心在梯体中心，让体验者感受人字梯侧倒的危险性；

（4）待梯子恢复原位稳定后，体验者手扶梯体下梯。

二、体验注意事项

（1）体验前需要对设备进行全面检查，包括架体各连接件是否连接牢固、安全铰链是否结实及开关是否灵敏等；

（2）体验者必须佩戴好个人防护用品。

三、体验知识点

人字梯是用于在平面上方空间进行作业的一类登高工具，如图 6-14 所示。上下和使用人字梯时应做到：

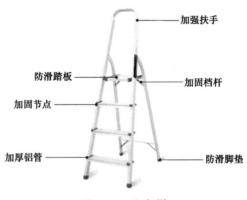

图 6-14　人字梯

（1）上下人字梯时应面朝人字梯；
（2）上下人字梯时要做到三点接触，即脚、手、身尽量贴近梯面；
（3）上下人字梯时每次只能跨一档；
（4）上下人字梯时手中不得拿其他任何东西，包括工具、材料等；
（5）上下人字梯时要保持身体重心在人字梯的中间位置；
（6）使用人字梯时不得超过人字梯顶端前三档；

（7）上部夹角以 35°～ 45° 为宜，铰链须牢固，并有可靠的拉撑措施；

（8）梯脚底部应坚实，不得垫高使用，并做好防滑处理；

（9）禁止两人同时使用同一只人字梯；

（10）必须有专人看护，由专人传送物品，并系好安全带。

四、培训策略

（1）体验前，培训师可先假定几种使用人字梯的操作方法，如两人同时共用一个梯子、在人字梯顶部作业、人字梯不带防滑垫、将安全带系在梯子上等，分别如图 6-15 所示。让体验者根据平时作业习惯，判断这些使用方法是否正确。体验者指出部分或者全部错误后，由培训师依次讲解每种情况下使用人字梯的错误之处，以及上下和使用人字梯时的其他具体要求，让体验者加深印象。

图 6-15　人字梯几种错误使用方法

（2）为提高体验效果，体验时可转移体验者注意力，即：等体验者爬到人字梯两阶准备就绪后，培训师与其交谈聊天，再突然启动控制按钮，让体验者真正感受人字梯倾倒时带来的严重后果。

（3）体验结束时，培训师要引导体验者总结该项目的体验效果：

1）使用人字梯前要检查：架体是否牢固、踏板有无变形、螺栓有无松动现象、梯腿是否垫稳垫牢等。

2）上下人字梯时尽量面朝梯子，保持三点接触以保持平衡，以防高处坠落事故的发生。

3）作业人员使用人字梯时必须系挂安全带。

第八节　移动脚手架倾倒体验

　　移动脚手架倾倒体验项目利用钢材焊接为一体的脚手架，通过机械传动装置传动架体倾倒，模拟施工过程中易发生架体倾倒的现象。该项目设置了正确和错误的移动脚手架模型，让体验者可以直观地学习移动操作架使用要点。该项目体验现场如图 6-16 所示。

图 6-16　移动式脚手架体验

一、体验要求和流程

　　（1）体验人员穿戴好个人防护用品（安全帽、安全带、防滑手套、防滑鞋等）；

　　（2）体验人员面朝梯面上梯，双手紧握梯棱，身体紧贴梯面，慢慢攀登；

　　（3）攀爬至作业平台，关闭安全门，将安全带记挂在护栏上，双手紧握防护栏杆；

　　（4）培训师启动装置，架体倾倒，体验者会突然感受到由于架体的倾倒带来的冲击；

　　（5）待架体复位后解除安全带挂钩，面朝梯面下梯。下梯时注意脚下，避免打滑。

二、体验注意事项

　　（1）体验前对设备进行全面检查，包括：检查脚轮及刹车是否有正常；检查所有门架、交叉杆、脚踏板有无锈蚀、开焊、变形或损伤；检查安全围栏安装、所有连接件连接是否牢固，有无变形或损伤等；

　　（2）体验者正确上爬，面朝梯子身体减少晃动，保持上身与梯子平行，并注意鞋与梯子是否打滑；

　　（3）如太阳暴晒过后，梯子较烫，给体验者佩戴手套攀爬；

（4）体验者在操作平台上切勿随意走动。

三、体验知识点

移动式操作架是指施工现场为工人操作并解决垂直和水平运输而搭设的各种支架，它具有装拆简单、承载性能好、使用安全可靠等特点。

1. 移动式操作架的搭设要求

（1）移动式平台应由专业技术人员按规定的相应规范进行设计，计算书及图纸应编入施工组织设计。

（2）移动式操作平台的面积不应超过10m²，高度不应超过5m，高宽比不应大于3：1，施工荷载不应超过1.5kN/m²，如图6-17所示。

（3）移动式操作平台的轮子与平台架体连接应牢固，立柱底端离地面不得超过80mm，行走轮和导向轮应配有制动器或刹车闸等固定措施。

（4）移动式操作架不得将滚轮作为架体支撑点，架底部必须设置抛撑固定。

（5）操作平台四周必须按临边作业要求设置防护栏杆，并应布置登高扶梯。

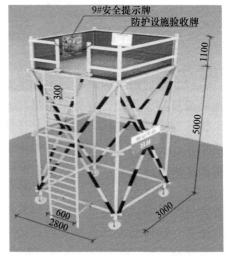

图6-17　移动式操作平台示意图

2. 移动脚手架安全操作规定

（1）使用前检查确认脚轮及刹车正常，所有门架及交叉杆无锈蚀、无开焊、无变形、无损伤，所有连接件及安全围栏连接牢固且无变形、无损伤等。

（2）脚手架上作业人员必须穿防滑鞋，穿工作服，系牢安全带，高挂低用，锁牢所有扣件；施工现场所有人员必须戴安全帽，系好下颚带，锁好带扣。

（3）作业人员应佩戴工具包，禁止把工具放在架子上，以防掉落伤人。架上作业人员应作好分工配合，传递物品或上拉物品时掌握好重心，平稳作业。

（4）架子在使用期间应设警示线和警示标语，严禁拆除与架子有关的任何杆件。

（5）脚手架作业时要锁住脚轮，防止移动，用绳索上下传递物品及工具。

四、培训策略

（1）结合现场展示的合格与不合格两种移动式操作架模型，如图6-18所示，让体验者经比较后自主找出它们之间的差异，判断出哪个操作架是合格的或不合格的，并让体验者相互交流。然后，培训师结合体验者的意见，讲解施工现场移动式操作架的搭设要求。

图 6-18　合格（左）与不合格（右）的移动架模型

（2）培训师可假定在施工现场常见的有关移动操作架的几种作业方法，如穿拖鞋攀爬架子作业、在架子外悬挂重物、移动时架子上站人、在移动平台上架设木梯、滚轮作为架体支撑点等，让体验者根据自身作业习惯，判断在这些作业方法中存在哪些问题。等体验者找出部分或全部问题后，培训师再讲解移动式脚手架的正确使用方法，以及在使用中应该注意的问题，以让体验者加深印象。

（3）挑选有兴趣参与的体验者，现场体验移动脚手架倾倒。为提高体验效果，等体验者准备就绪后，培训师与其交谈聊天以转移体验者注意力，再突然启动控制按钮，让体验者真正感到移动平台倾倒的危险性，提高其安全意识，正确使用移动脚手架，减少安全事故的发生。

（4）体验结束时，培训师要指导体验者总结该项目的体验效果：

1）移动脚手架属于易搭设、拆除的简易的移动平台，为了保障作业安全应按照安全操作规程操作。

2）作业前检查：架体与拉杆连接是否牢固、扣件式脚手板是否满铺、平台是否设置防护栏杆、是否设置挡脚板等。

3）检查合格后，作业人员穿戴好个人防护用品方可作业。

4）作业后关闭电源，清理作业工具及剩余材料，面朝梯面下梯。

第九节　平衡木体验

平衡木体验项目利用钢材制作直线、曲线形状钢梁模拟施工现场女儿墙、悬梁等高处狭窄区域，以模拟对平衡能力有要求的施工环境。平衡木还能用于检测体验者的平衡能力，并结合醉酒眼镜进行酒后作业体验。该项目体验现场如图 6-19 所示。

图 6-19　平衡木体验

一、体验流程

（1）体验者佩戴好安全帽及醉酒眼罩；

（2）上身保持直立，水平张开双臂，一次性正常通过平衡木，以体验高处作业的感觉。

醉酒眼罩见图 6-20。

二、体验注意事项

（1）体验者必须穿戴好个人防护用品，体验过程中禁止打闹；

（2）体验时体验人员两侧要有工友搀扶；

图 6-20　醉酒眼罩

（3）体验者要匀速缓慢通过平衡木，以免速度过快落地不稳导致扭伤到脚踝。

三、体验知识点

（1）检查肢体的应变能力；

（2）检测作业人员是否满足作业条件，尤其是在醉酒、负重、疲劳、带伤的情况下，是否能控制自身平衡；

（3）避免人的不安全行为，正确应变应对突发事件，以达到预防安全事故发生的目的。

四、培训策略

（1）挑选有兴趣参与的体验者，分别在佩戴和不佩戴醉酒眼罩的情况下通过平衡木，并与其他体验者交流体验感受，真正让体验者意识到酒后高处作业的危害性。

（2）为激发体验者参与体验的兴趣，可将体验者分成若干组分别进行体验，并根据各组安全通过平衡木人数比例进行比赛。

（3）体验完毕时，培训师要引导体验者总结该项目的体验效果：

1）不可醉酒作业，高处作业必须系安全带，以免发生安全事故。

2）高危行业作业人员需身体健康，无高血压、心脏病等症状。

第十节　洞口坠落体验

洞口坠落体验项目通过气动设备模拟了预留洞口等坠落场景，体验者可亲身感受洞口处的突然坠落，并学习突发坠落时的自我保护知识，从而预防或减少高处作业中洞口坠落事故的发生。该项目体验现场如图 6-21 所示。

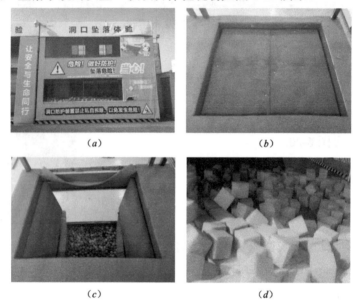

(*a*)　　　　　　　　　　　(*b*)

(*c*)　　　　　　　　　　　(*d*)

图 6-21　洞口坠落体验

一、体验要求和流程

（1）选取或者指定对此项目感兴趣的体验者进行体验，体验前体验者要佩戴安全帽，并准备好坠落动作。培训师向体验者强调准备坠落动作要领，要求体验者采用蹲马步的姿势站立，双臂交叉，手放置于肩部，如图 6-22 所示；

（2）体验者准备就绪后，与其交谈聊天，转移其大脑注意力；

（3）两名培训师对接成功后，由另一名培训师启动按钮，模拟洞口盖板瞬间打开，分别如图 6-21*b*、图 6-21*c* 所示，体验者随即坠落，下方海绵泡沫作为保护措施（图 6-21*d*）；

图 6-22　洞口坠落
安全姿势

（4）坠落后，要求体验者不得立即起身离开，稍作休息，防止由于惯性而晕倒。

84

二、体验注意事项

（1）使用前对设备进行全面检查，包括：检查洞口盖板是否牢固、开关是否灵敏、海绵球量是否能够起到保护作用等；

（2）严禁年老体弱及有心脏病、高血压、恐高症之类的病症人员参与体验此项目；

（3）体验时必须佩戴安全帽，严禁携带随身物品如手机、钱包、眼镜等进行体验；

（4）严禁体验时双臂张开，双手乱抓；严禁穿拖鞋、高跟鞋体验；严禁饮酒体验。

三、体验知识点

进行洞口作业，以及在因工程或工序需要而产生的使人与物有坠落危险或危及人身安全的其他洞口进行高处作业时，必须按规定设置防护设施。

（1）当垂直洞口短边边长小于500mm时，应采取封堵措施；当垂直洞口短边边长大于或等于500mm时，应设置高度不小于1.2m的防护栏杆，并应采用密目式安全或工具式挡板封闭，设置挡脚板。

（2）当非垂直洞口短边尺寸为25～500mm时，应采用承载力满足使用要求的盖板覆盖，盖板四周搁置应均衡，且应防止盖板移位，如图6-23（a）所示。

（3）当非垂直洞口短边边长为500～1500mm时，应采用专项设计盖板覆盖，并应采取固定措施，如图6-23（b）所示。

（4）当非垂直洞口短边长大于或等于1500mm时，应在洞口作业侧设置高度不小于1.2m的防护栏杆，并应采用密目式安全网封闭，洞口应采用安全平网封闭，如图6-23（c）所示。

（5）电梯井口应设置防护门，其高度不应小于1.5m，防护门底端距地面高度不应大于50mm，并应设置挡脚板。在进入电梯安装施工工序之前，同时井道内应每隔10m且不大于2层加设一道水平安全网，电梯井内的施工层上部，应设置隔离防护设施，如图6-24所示。

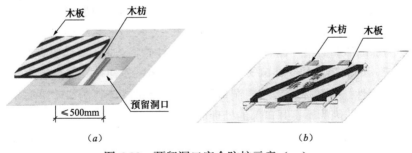

（a）   （b）

图6-23 预留洞口安全防护示意（一）

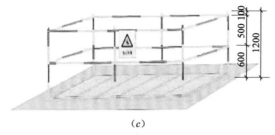

(c)

图 6-23　预留洞口安全防护示意（二）

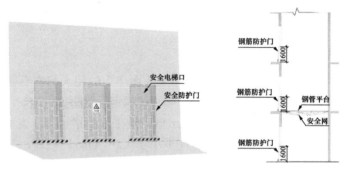

图 6-24　电梯井洞口安全防护示意

（6）施工现场通道附近的洞口、坑、槽、沟、高处临边等危险作业处，应悬挂安全警示标志外，夜间应设灯光警示。

（7）边长不大于 500mm 洞口所加盖板，应能承受不小于 $1.1kN/m^2$ 的荷载。

（8）墙面等处落地的竖向洞口、窗台高度低于 800mm 的竖向洞口及框架结构在浇筑完混凝土没有砌筑墙体时的洞口，应按临边防护要求设置防护栏杆。

四、培训策略

（1）挑选有兴趣参与的体验者进行洞口坠落体验，并让体验者相互交流体验后的个人感受情况，如：肌肉的紧张僵硬、不由自主地震颤、毛发竖立、起鸡皮疙瘩、毛孔张开、冷汗直流、精神紧张、内心恐惧等，以让体验者和未参与体验的学员都充分认识到高空坠落带来极大的不安，及时正确的加强洞口防护，从而养成正确维护安全防护的好习惯。

（2）为提高体验效果，体验时可转移体验者注意力，即：等体验者准备好坠落姿势就绪后，培训师与其交谈聊天，再突然启动控制按钮，让体验者真正感受洞口坠落的危险性。并让体验者假想洞口下方若无保护措施，洞口坠落后果的严重性，从而正确预防因为不良开口部的处理而引起的坠落事故。

（3）培训师可假设几种存在洞口的不同作业环境，如洞口尺寸 400mm、洞口尺寸 600mm、电梯井洞口、人工挖孔桩井口等等，让体验者根据平时作业习惯，给出各种作业情况下洞口安全防护方法，并让体验者相互交流、相互纠错。然后，培训师再讲解预防洞口坠落防护设施设置的相关要求。

（4）体验结束时，培训师要引导体验者总结该项目的体验效果：

1）进行洞口作业，以及在因工程需要而产生的其他洞口进行作业时，必须设置洞口防护设施。

2）洞口安全防护设施，要根据施工环境、施工特点及洞口大小等确定。

第十一节　建筑施工高处作业

一、填空题

1．马道铺设禁止使用＿＿＿＿＿＿＿＿＿的钢管扣件。

2．板与墙的洞口，必须设置＿＿＿＿＿＿＿＿＿＿＿＿＿＿＿＿＿＿＿＿。

3．装设轮子的移动式操作平台，轮子与平台的接合处应牢固可靠，立柱底离地面不得超过＿＿＿＿＿＿＿。

4．操作平台四周必须按临边作业要求设置＿＿＿＿＿＿＿，并应布置＿＿＿＿＿＿＿。

5．使用垂直爬梯进行攀登作业时，攀登高度以＿＿＿＿＿为宜。超过 2m 时，宜加设＿＿＿＿＿＿；超过 8m 时，必须设置＿＿＿＿＿＿。

6．吊篮悬吊平台四周应设置防护栏杆两道，栏杆的底部应设有不小于＿＿＿mm 的挡脚板。

7．施工现场的防护栏杆应由上、下两道横杆和栏杆柱组成，其中上栏杆离地面高度为＿＿＿＿＿＿m。

8．为保证人身安全，当建筑物高度超过＿＿＿＿＿＿m 以上的交叉作业，应设双层保护装置。

二、选择题

1．操作平台的面积不应超过＿＿＿＿＿＿m²，高度不应超过＿＿＿＿＿＿m，还应进行稳定验算。

　　A. 10　5　　　　B. 15　10　　　　C. 5　10

2．同一只人字梯最多只能＿＿＿＿＿＿人同时使用。

　　A. 1　　　　　　B. 2　　　　　　C. 3

3．人行马道宽度不小于＿＿＿＿＿＿m，斜道的坡度不大于＿＿＿＿＿＿。

　　A. 1　2∶3　　　B. 1　1∶3　　　C. 2　1∶3

4．人字梯上部夹角以＿＿＿＿＿＿为宜，铰链须牢固，并有可靠的拉撑措施。

　　A. 20°～45°　　B. 35°～60°　　C. 35°～45°

5．上下人字梯时要做到＿＿＿＿＿＿点接触。

A. 1   B. 2   C. 3

6. 在建工程场所的建筑物内（   ）可以堆放物料。

A. 库房   B. 楼梯间   C. 休息平台   D. 阳台

7. 根据《建设工程安全生产管理条例》规定，在城市市区的建设工程，施工单位应当对施工现场（   ）。

A. 划分明显界限   B. 实行封闭围挡

C. 设置围栏   D. 加强人员巡视

8. 因作业需要，临时拆除或变动安全防护设施时，必须经（   ）同意，并采取相应可靠措施，作业后应立即恢复。

A. 安全员   B. 班组长   C. 施工负责人

三、判断题（正确的打 √，错误的打 ×）

1. 施工现场的安全通道脚手板可以不铺满，可以出现探头板。（   ）

2. 低楼层施工通道可以不设置栏杆。（   ）

3. 主管要每天安排或检查作业场所的清理整顿工作，作业面做到"工完料尽场地清"，整个现场做到一日一清，一日一净。（   ）

4. 垂直爬梯可以多人同时使用。（   ）

5. 微醉的情况下可以进行施工作业。（   ）

6. 脚手架拆除时可以上下同时拆除。（   ）

7. 凡不适于高处作业者，不得上脚手架操作，搭设脚手架的上岗人员应定期进行体检。

8. 施工过程中，每层清理垃圾时可以由高层往下抛掷。（   ）

9. 施工现场孔洞口必须用盖板遮盖。（   ）

四、简答题

1. 简述移动式脚手架的搭设要求。

2. 施工现场预留洞口有哪些防护设施？

3. 简述人字梯的使用方法。

4. 通过安全教育的培训，结合你自身谈谈如何保证自身安全？

第七章　VR技术在建筑安全教育培训中的应用

第一节　VR技术简介

VR（Virtual Reality）即虚拟现实系统简称，由美国 VPL 公司创建人拉尼尔（Jaron Lanier）在 20 世纪 80 年代提出，其相当于是一种可以创建和体验虚拟现实世界的计算机仿真系统。它通过三维图形生成、多传感交互及高分辨率显示等技术，创建设置三维虚拟环境，并将计算机网络技术、人工智能技术、仿真技术、并行处理技术和多传感器技术综合应用，模拟人的感觉器官功能，如视觉、听觉、触觉等，让人们通过语言、手势等方式在计算机生成的虚拟境界中进行实时交互，创建真实化的虚拟多维信息空间。

20 世纪 90 年代，柏迪在其作品《虚拟现实系统及其应用中》提出：VR 场景具有"3I"特征，即沉浸性（Immersion）、交互性（Interactivity）、构想性（Imagination）如图 7-1 所示。

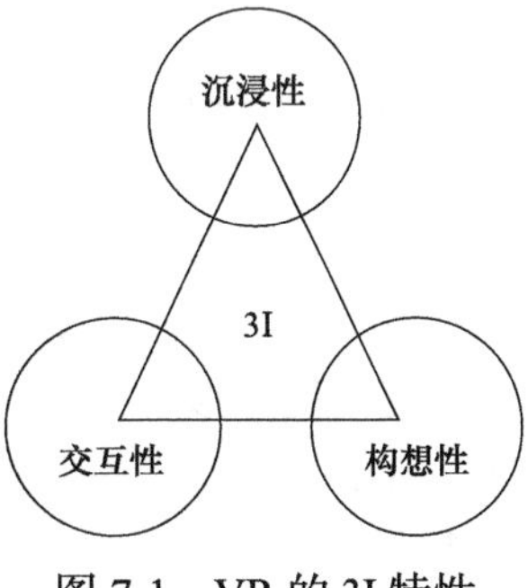

沉浸性是指体验者通过佩戴相应的 VR 体验设备，进入到虚拟世界中，以虚拟现实世界全方位的视觉效果让体验者完全沉浸于此，就像自己真的处在现实世界中一样，这是 VR 技术系统的核心部分。

图 7-1　VR 的 3I 特性

交互性是指体验者通过 VR 体验设备，比如手柄、手套等，来和虚拟世界中的对象进行互动，此时不单单停留在视觉的感受，通过体验者与虚拟世界的这样一种互动，体验效果能得到升华，从而让体验者有一个更深刻的认识。

构想性是指体验者对虚拟世界产生的一种更深层次的理解，通过体验者对虚拟现实世界的沉浸体验，会让体验者产生真实的惧怕的感觉，比如由脚手架坍塌带来的高处坠落的感觉。

随着计算机软硬件技术的快速发展，虚拟现实技术的行业应用前景越来越广阔，包括教育、建筑、娱乐、医疗、影视等多个领域。比如，在建筑工程方面，房地产公司可以使用 VR 技术在家中显示图像和客户模型。客户可以穿 VR 头盔，并通过房地产公司设计的体验来创造真实感受。在医学上，虚拟现实技术可以应用于疾病的诊断和治疗以及数据的可视化，如恐高症治疗，痉挛等。在教育领域，

Google 开发了一种"远征"系统，该系统使用虚拟现实技术让边远山区的儿童能够浏览他们以前从未见过的多种世界范围内的 VR 设备如图 7-2 所示。

图 7-2　VR 技术在教育中的应用

第二节　VR 技术在建筑安全教育培训中的应用

一、建筑施工 VR 体验项目介绍

在建筑领域，随着实体体验式建筑施工安全教育培训方式的发展，建筑施工 VR 体验也得到了开发应用。

建筑施工 VR 体验就是利用计算机生成一种施工现场各类危险源及多发事故的虚拟环境，采用交互式的三维动态视景和实体行为的系统仿真，让体验人员穿戴 VR 设备沉浸到虚拟现实的环境中，通过 VR 世界的沉浸感将体验者置身于高处坠落、物体打击等"真实的"施工伤亡事故场景中，直观地感受到违章作业带来的危害，让体验者真正从内心认识到预防事故的重要性。该项目体验现场如图 7-3 所示。

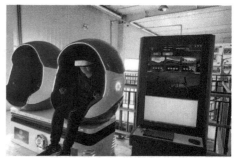

图 7-3　VR 体验项目

VR 在建筑领域的安全教育培训中的运用，首先是要利用 BIM 技术，根据施工现场的实景搭建 3D 场景模型，将场景模型导入 VR 程序引擎，配合引擎的渲染技术，设计出逼真的 VR 场景环境，再按安全体验需求进行后续的场景交互程序开

发。它也可以将实体的安全体验馆创建成逼真的 VR 场景环境，进行 VR 虚拟现实体验。

实施 VR 虚拟现实体验，体验人员要穿戴 VR 头盔，双手持摇杆进入 VR 场景环境，VR 头盔如图 7-4 所示。

体验者进入 VR 场景环境后，第一感受就是场景真实。并可以伴随着施工现场声效、VR 穿戴设备的震动，体验在没有防护状态下的高处坠落、触电、被物体打击及基坑坍塌等虚拟现实场景，分别如图 7-5 所示。

图 7-4　VR 头盔

图 7-5　VR 建筑事故体验视角

在体验过程中，尽管体验者知道自己所处的真实位置是在地面，但仍然有易于从高处坠落、触电、被物体打击等恐惧感，从而感受到无防护状态下高处作业的危险性。

建筑施工 VR 体验教育培训已经是建筑安全教育培训体验馆的必备体验项目，如中建一局安全体验基地、大兴国际机场工程安全体验培训中心、中铁建设安全体验培训中心、北京天恒安科体验中心等大中型体验馆中都配备有完善的 VR 体验项目，工人在进行传统的体验式培训后都能够体验一下虚拟现实技术模拟的安全事故对个人认识的冲击。针对一些具体施工项目部也都配备有 VR 体验培训室，并组织项目员工进行高科技的安全体验培训，极大地彰显出项目部对工人安全教育的重视，同时取得了良好的培训效果。

VR 体验可以根据不同的施工现场和不同的施工阶段，打造出各种逼真的虚拟体验场景。体验前，培训师应指导体验者根据个人需求、施工作业工种及作业特点等，选择有针对性的体验项目进行体验，从而使建筑安全教育培训更具有针对性、实效性。

体验结束时，培训师要引导体验者总结该项目的体验效果：

（1）VR 安全教育培训技术平台，能与不同工程项目的施工现场紧密结合，可以展现出更多的安全体验场景，使培训更加具有针对性，并可安全进行实际具有一定危险性项目。

（2）安全方针：安全第一，预防为主。

（3）工程项目的相关责任单位，要结合项目特点，建立施工安全保证体系，从思想上、组织上、制度上、技术上、经济上等进行切实有效地安全管理。

二、建筑施工 VR 体验与传统体验式培训的对比

1．从体验内容上对比

传统体验式培训主要通过悬挂展板、陈列设备、布置事故道具平台，并由培训师讲解相关安全知识，如高压电触电体验、安全帽撞击体验等。但由于受体验场馆面积、建设经费等影响，体验项目总数还是受到一定限制。

建筑施工 VR 体验将虚拟现实技术同 BIM 技术相结合，可以根据不同的施工现场和不同的施工阶段，打造出各种逼真的虚拟体验场景。特别是一些难以搭建或危险性很高的项目，使建筑安全教育培训更具有针对性、实效性。VR 体验还可以通过设置剧情、旁白、字幕等方式让体验者对体验场景进行深度学习。

2．从体验效果上对比

传统体验式培训以实物构造作业环境或者在模型中体验事故过程，体验者直接与体验设备进行互动，整个体验过程能够让体验者在不受伤害的前提下完成。

VR 体验式培训的理念来源于传统的体验式培训需求，但其用户体验效果远远超过了传统实体体验式培训。VR 体验呈现出一个"真实的"施工现场和事故过程，比如体验者会在高处坠落项目体验中站立不稳，会在物体打击项目体验中左右躲闪，完全沉浸在近乎真实的虚拟环境中。但外人看来，他只是佩戴 VR 设备做一些奇怪的动作。

3．从资金投入上对比

实体建筑安全体验场馆的建设，需要不菲的建设费及土地使用费用等，建成后还需要运行成本，包括人工工资、维护费用等。VR 虚拟安全体验场馆不仅减少实体性安全体验场馆的屡屡建设和场地占用面积，节省资金和材料物资，更加体现绿色环保的原则。

三、建筑施工 VR 体验培训的类型

1．漫游 VR 体验

漫游 VR 体验方式指体验人员佩戴设备，能够进入到模拟的建筑施工现场中，

模拟的情景真实还原施工现场从土方开挖、主体结构施工、二次结构施工、装饰工程等工程阶段，还可以详细展示脚手架搭设、混凝土浇筑、模板工程、吊装作业等具体的作业程序，以样板工地、绿色工地的标准形式展现给体验者。此种场景的体验主要给对建筑施工了解少，或者刚刚踏入建筑施工行业的新员工一个正确的、标准的认识。

2．互动 VR 体验

互动 VR 体验中，体验者可以使用 VR 设备如手柄与虚拟环境中的对象进行互动。根据互动对象的不同，又可以分为：设备操作互动 VR 体验、作业程序互动 VR 体验与混合式互动 VR 体验等。

3．事故 VR 体验

事故 VR 体验以真实事故为情节基础，体验者以受害者的第一视角，在虚拟环境中参与事故起因、过程、结果全过程。它既能展示学习安全知识内容，还能将事故后果表现出来。事故 VR 体验对体验者安全意识的培训比单独的漫游 VR 体验和操作 VR 体验更加真实与突出。

第三节　VR 技术在建筑安全教育培训中的应用前景

目前，我国建筑行业安全生产形势依然比较严峻，一线工人知识水平低、安全意识差，大量施工企业亟待解决安全教育、入职培训、技能培训等问题。相对于传统建筑安全培训中枯燥性与不可预见性，VR 技术在建筑施工安全体验中通过 VR 附带设备，让体验者进入施工模拟场景、自主操作或沉浸式体验等，进一步引导建筑施工人员在施工操作中做出正确反应，让他们既感受到惊险刺激，又不会给体验者造成任何伤害，从而降低安全事故发生概率，提高作业人员安全防范技术技能。另外，还可以通过设置还原事故案例、安全操作要点、隐患排查处理、安全操作考核等内容，将安全生产的知识直观、便捷、深刻、系统地表达出来。VR 技术在建筑安全体验培训中的应用，打破了时间与空间的限制，方便组织人员随时随地进行培训，同时使建筑工程中投入演练的时间成本大大降低，培训的效果大幅度提高，促进工地安全文明建设。

VR 技术是一项新技术，这就需要开发人员具有很强的创新能力，并需要结合生产、教育、研究，来实现利益最大化。目前，VR 技术应用在建筑安全教育培训行业仅仅几年的时间，应用时间不长直接导致诸多问题的存在，比如体验内容存在专业性错误、体验操作流程复杂、体验情节设置不合理、作品质量不合格等，因此，必须在探索中逐渐完善这一技术，使它真正给项目带来实际的效益，使体验者切身实地地感受到建筑施工安全的重要性，从而增加自己平常作业的安全意识。

VR 技术发展除了上面提到的在建筑安全培训领域专业化的问题，同时还有市场化、应用体制等方面的不足。目前，我国的 VR 技术较发达国家还比较落后，未来的发展还需要经历一个漫长的过程，这就需要各学科之间必须相互配合、相互协调，整合现有科技力量，使 VR 技术变得更好。另外，要健全 VR 技术的应用体制必须完善相关法律政策，目前国外已经有好几个国家制定了管理 VR 行业的相关法律法规，我国也已经把"虚拟现实技术"列入到了"十三五"等一系列重点发展规划，但部分重点领域仍未指定详细的发展规划。因此，要整合虚拟现实技术的开发和应用，必须从我国基本国情出发，优先考虑技术发展，同时在虚拟现实技术领域做出合理安排的法律和政策，制定长远发展规划。

第八章　建筑施工安全事故案例警示

第一节　高空坠落事故案例

一、未使用安全绳事故案例

1. 案例简介

2005 年 5 月 9 日 8:50 左右，公司分包商——中国化学工程第六建设公司雇佣的辅工李某等 5 人，在岳阳磨煤框架 11m 层钢平台上铺设花纹钢板，在施工过程中李某将安全带挂钩钩在工字钢钢梁上。由于钢板位置不正，李某需要将钢板移位，在移动过程中，没有注意后面悬空，在身子向后移动时，脚踩空，先坠落到地面的设备基础上（0.5 高）后弹落到地面，于 16:30 死亡。图 8-1 为该事故现场图。

图 8-1　高空坠落事故现场

2. 事故原因

（1）六化建在组织施工作业时，在安全设施（安全绳）未落实的情况下，安全员工进行高处作业施工，是事故的主要原因；

（2）李某高处作业时，未正确系挂安全带、安全帽带未系牢是事故的直接原因；

（3）六化建没有及时排除施工过程中产生的安全隐患，是事故的重要原因。

（4）岳阳项目部磨煤框架区域安全负责人没有充分履行监督检查职责，检查不及时不到位，未发现未完作业场所安全绳已被拆除。

二、未正确系挂安全带事故案例

1. 案例简介

2006 年 3 月 7 日，由某建筑公司承建的某工程正由作业人员在南区四层进行脚手架搭设作业，作业人员宋某在脚手架上进行脚手板搭设作业。10 时 46 分，塔吊将一摞脚手板吊运到脚手架上，宋某在摘除吊点的卡环过程中，身体失稳，由于当时宋某身上所佩戴的安全带没有进行拴挂，不慎从落差 12m 的脚手架上坠落到地面。经送医院抢救无效死亡。图 8-2 为该事故现场图。

图 8-2　高空坠落事故现场

2．事故原因

（1）宋某违反《北京市建筑工程施工安全操作规程》中高处作业必须佩戴安全带并与已搭好的立、横杆挂牢的规定。作为专业脚手架施工人员，在实际作业中，虽然佩戴了安全带，却没有将安全带拴挂，以至于当身体失稳发生坠落时安全带不能起到保护作用。

（2）施工单位没有严格履行对分包单位安全施工的监督管理、安全检查的职责，使得分包单位现场安全管理不到位的情况和作业人员违章行为没有及时被发现和制止。

（3）劳务分包单位没有履行安全职责，未将本单位作业人员安全教育落实到位，使得作业人员安全意识淡薄，不能自觉遵守安全操作规程，导致违章作业。

第二节　建筑施工机械事故案例

一、塔吊倒塌事故案例

1．案例简介

2013 年 8 月 9 日 15 点 50 分左右，位于盐城市区西环路与新都路交汇处的俊知香槟公馆 2 号楼工地，塔吊在进行顶升作业时，突然顶部倒塌，造成 3 人死亡，直接经济损失约 300 万元。图 8-3 为该事故现场图。此次事故共有 14 人受到处分。

该项目总承包施工单位为无锡市世达建设有限公司，监理单位为盐城市万方工程建设监理有限公司。塔吊所有人张彩祥，挂靠盐城市神龙建筑设备租赁有限公司，与无锡世达公司签订了《建筑设备租赁合同》，无锡世达公司将俊知香槟公

图 8-3　盐城塔吊倒塌事故现场

馆项目 2 号楼塔吊租赁、安装、拆卸等工程业务分包给不具备安装、拆卸资质的神龙租赁公司。合同中约定塔吊的租金及其他费用由工程施工项目部与张彩祥结算。张彩祥又将塔吊安装、拆卸工程转包给盐城市鑫荣建筑设备安装有限公司。

2．事故原因

事发后，盐城市政府成立事故调查组，经过调查认定，这是一起严重违反安全生产和建筑施工安全管理法律法规造成的责任事故。

2012 年 11 月，该塔吊在进行第一次顶升作业时，鑫荣安装公司提出更换顶升横梁，塔吊生产单位常州市振顺建设机械有限公司非法对顶升横梁进行设计变更，组织生产了仅此一个设计上存在缺陷的顶升横梁，未经检验合格即出厂安装，从而最终导致了这次事故的发生。

二、施工升降机事故案例

1．案例简介

2012 年 9 月 13 日，湖北省某在建楼房的施工电梯发生坠地事故致 19 人死亡，图 8-4 为该事故现场图。

图 8-4　施工升降机事故现场

事故发生时，施工升降机导轨架第 66 和 67 节标准节连接处的 4 个连接螺栓只有左侧两个螺栓有效连接，而右侧（受力边）两个螺栓的螺母脱落，无法受力。在此工况下，事故升降机左侧吊笼超过备案额定承载人数（12 人），承载 19 人和约 245kg 物件，上升到第 66 节标准节上部（33 楼顶部）接近平台位置时，产生的倾翻力矩大于对重体、导轨架等固有的平衡力矩，造成事故施工升降机左侧吊笼顷刻倾翻，并连同 67 ～ 70 节标准节坠落地面。

2．事故原因

（1）直接原因：作业过程中操作人员不按照操作规范进行拆装造成升降机受力失稳倾覆；

（2）作业人员及管理人员违反安全管理规定，超载乘人乘物；

（3）例行检查与维修保养不到位，作业现场管理秩序混乱，重大安全隐患未能及时排除。

第三节　有限空间作业中毒事故案例

一、污水井维修作业事故案例

1．案例简介

2016 年 5 月 20 日 15 时 55 分，北京大兴旧宫镇五福堂 1 号路口柠檬湾酒店附近一污水井发生坠井事故，4 名工人坠井且全部昏迷。最后被消防员救出，中毒最严重者被救出时已经鼻子和眼睛里在流血，经就医抢救后 4 人才脱离危险。图 8-5 为该事故现场图。

图 8-5　坠井中毒事故现场

据消防官兵介绍，事故现场为污水处理中转站污水井，井深 5m，直径 2.5m，井内含有大量沼气。事发时有 5 名工人在现场施工抢救线路，均未采取检测和保护措施，其中 4 名工人下到污水井后由于沼气中毒导致坠井且昏迷，随后另一名工人拨打 119 电话报警。旧宫消防站官兵到达现场后，由于施工方无应急抢救器材，有附近的居民用软皮管对井内进行洒水稀释毒气后，消防官兵又向井下投放 3 个空气呼吸气瓶继续稀释毒气，最后由穿着防护服和佩戴空气呼吸器的消防员将四人救出并就医。

2. 事故原因

（1）有限空间长期处于封闭或半封闭状态，有限空间出入口有限，自然通风不良，易造成有毒有害物质积聚或氧含量不足。这些有毒有害物质很容易造成中毒、缺氧窒息，最后造成危险事故的发生。

（2）作业人员安全防范意识不足，作业前未对有限空间进行气体检测，或未进行通风处理，且在未采取安全防护措施的情况下，就擅自违章作业。

二、沼气池中毒事故案例

1. 案例简介

2017 年 5 月 21 日 18 时许，广西南宁市宾阳县大桥金玉纸厂在清理沼气池时发生一起 3 人死亡的事故。据目击者称，21 日下午 1 点半到 2 点之间，几名工人来到大桥金玉纸业有限公司开始施工，随后，一名工人在清理污水池时倒地，另两名工人为救人进入污水池，却也相继倒下，最后经抢救无效身亡。图 8-6 为该事故现场图。

图 8-6　沼气池中毒事故现场

2. 原因分析

（1）作业人员素质偏低，安全防范意识不足，不了解有限空间危害因素和如何进行正确防护；

（2）作业前，作业人员未对有限空间进行气体检测，或未进行通风处理；

（3）在未采取安全防护措施的情况下，就擅自违章作业；

（4）盲目施救：事故发生时，地面人员缺乏自我防护意识，不顾自身安全冒险施救，造成事故伤亡人数扩大。

第四节　脚手架、钢筋网坍塌事故案例

一、脚手架坍塌事故案例

1. 案例简介

2013 年 3 月 21 日 20 时 30 分许，桐城市太阳城附近的盛源财富广场在进行 5 层楼面混凝土浇筑过程中，高支模支架、脚手架发生坍塌事故（图 8-3），造成 14 人被埋，其中 8 人死亡、6 人受伤。图 8-7 为该事故现场图。

图 8-7　脚手架坍塌事故现场

2．事故原因

（1）高支模方案未经监理审批，未组织专家论证、评审；

（2）高支模支架、脚手架未按照方案施工，剪刀撑缺乏；

（3）将 20m 高的立杆与顶板应分二次浇筑的混凝土改为一次浇筑；

（4）混凝土浇筑过程中现场无管理人员在场。

二、钢筋网坍塌事故案例

1．案例简介

2014 年 12 月 29 日，清华大学附属中学 A 栋体育馆等三项工程，在进行地下室底板钢筋施工作业时，上层钢筋突然坍塌，将进行绑扎作业的人员挤压在上下钢筋之间，塌落面积大约在 2000m²，造成 10 人死亡 4 人受伤。图 8-8 为该事故现场图。

图 8-8　钢筋网坍塌事故现场

据查，该工程的建设单位是清华大学，施工单位为北京建工一建工程建设有限公司，监理单位是北京华清技科工程管理有限公司，设计单位是清华大学建筑设计研究院有限公司。北京建工一建工程建设有限公司和创分公司于2014年6月承建清华附中体育馆及宿舍楼建筑工程过程中，于同年12月29日，因施工方安阳诚成建筑劳务有限责任公司施工人员违规施工，致使施工基坑内基础底板上层钢筋网坍塌，造成在此作业的多名工人被挤压在上下层钢筋网间，从而导致这次事故的发生。这次事故中15名责任人因重大责任事故罪分获3～6年不等有期徒刑。

2．事故原因

（1）直接原因：未按照方案要求堆放物料、制作和布置马凳，马凳与钢筋未形成完整的结构体系，致使基础底板钢筋整体坍塌。

（2）施工现场管理缺失、备案项目经理长期不在岗、专职安全员配备不足、经营管理混乱、项目监理不到位等。

（3）工程项目投标、合同订立期间，建工一建公司存在允许他人以本企业名义承揽工程，及其他以内部承包经营的形式出借资质、转包等违法行为。

第五节　火灾事故案例

一、线路故障引燃可燃物火灾事故案例

1．案例简介

2017年11月18日18时许，北京市大兴区西红门镇新建村新康东路8号发生火灾事故，共造成19人死亡，8人受伤。图8-9为该事故现场图。

事故发生后，事故调查组先后询问（讯问）300余人次，收集、查阅资料2000余份，聘请多名专家对燃烧、爆炸原因进行论证，委托具有资质的技术鉴定机构对事故现场相关物证、设备设施开展检测分析和技术鉴定工作。经查，事发建筑系集生产、经营、储存、住宿于一体的"多合一"建筑。

图8-9　火灾事故现场

2．事故原因

（1）直接原因：地下冷库制冷设备在调试过程中，被覆盖在聚氨酯保温材料内为冷库压缩冷凝机组供电的铝芯电缆电气故障造成短路，引燃周围可燃物；可燃物

燃烧产生的一氧化碳等有毒有害烟气蔓延导致人员伤亡。

（2）事发建筑属于违法建设、违规施工、违规出租，安全隐患长期存在。

（3）镇政府落实属地安全监管责任不力。

（4）属地派出所、区公安消防支队和区公安分局针对事发建筑的消防安全监督检查不到位。

（5）工商部门对辖区内非法经营行为查处不力。

二、违规电焊作业火灾事故案例

1．案例分析

2010 年 11 月 15 日 14 时 14 分，上海市静安区胶州路 728 号的 28 层教师公寓大楼在进行外墙保温施工作业时起火，共造成 58 人死亡、71 人受伤，建筑物过火面积 1.2 万 m^2，直接经济损失 1.58 亿元。火灾现场照片如图 8-10 所示。

图 8-10　上海"11·15"特别重大火灾事故现场

火灾发生后，国务院第一时间成立上海"11·15"特别重大火灾事故调查组。经调查，"11·15"火灾发生时，大楼正在实施 2010 年的静安区政府实事工程——节能综合整治项目。静安区建交委 2010 年 9 月通过招投标，确定工程总包方为上海市静安区建设总公司，分包方为上海佳艺建筑装饰工程公司。2010 年 11 月，静安区建交委选上海市静安建设工程监理有限公司承担项目监理工作，上海静安置业设计有限公司承担项目设计工作。此工程部分作业分包情况为：脚手架搭设作业分包给上海迪姆物业管理有限公司施工，搭设方案经公司总部和监理单位审核，并得到批准；节能工程、保温工程和铝窗作业，通过政府采购程序分别选择正捷节能工程有限公司和中航铝门窗有限公司进行施工。

2．事故原因

（1）主要直接原因：起火大楼在装修作业施工中，有 2 名电焊工违规在 10 层电梯前室北窗外进行电焊作业，电焊溅落的金属熔融物引燃下方 9 层位置脚手架防护平台上堆积的聚氨酯保温材料碎块、碎屑引发火灾；

（2）电焊工无特种作业人员资格证，严重违反操作规程，引发大火后逃离现场；

（3）装修工程违法违规，层层多次分包，导致安全责任不落实；

（4）施工作业现场管理混乱，安全措施不落实，存在明显的抢工期、抢进度、突击施工的行为；

（5）事故现场违规使用大量尼龙网、聚氨酯泡沫等易燃材料，导致大火迅速蔓延；

（6）有关部门安全监管不力，致使多次分包、多家作业和无证电焊工上岗，对停产后复工的项目安全管理不到位。

第六节　触电事故案例

一、湿地触电事故案例

1．案例简介

2016 年 6 月 2 日 17 时 30 分许，贵州黔达建筑劳务有限责任公司承建的贵州省地质资料馆暨地质博物馆建设项目基坑开挖及边坡支护工程发生一起触电事故，导致 1 人死亡，直接经济损失超 100 万元。图 8-11 为该事故现场图。

图 8-11　触电事故现场

2．事故原因

（1）直接原因：贵州黔达建筑劳务有限责任公司边坡支护班组工人刘建祥，在未配备防护装备的情况下，对未采取防雨保护措施，处于潮湿环境中的空压机进行断电操作，违反安全用电常识，导致触电身亡。

（2）间接原因：贵州黔达建筑劳务有限责任公司安全管理不到位，未依法履行企业安全生产主体责任，包括：对施工班组工人安全教育培训不到位、对施工现场安全监管不到位，对突发雷雨天气安全防护工作安排不到位，对露天使用的用电设备未采取防雨保护措施等。

二、违规作业触电事故案例

1. 案例简介

2018年5月17日下午4时许，深圳一装修工地发生一起触电事故，造成1人死亡。

据了解，死者龚某是深圳某建设工程有限公司雇请的工人。当日，龚某被公司派往航城街道一装修工地进行电气安装。下午4时许，龚某将工地配电柜内电源开关断开后未进行上锁／挂牌，未穿戴电工安全防护用具便进入天花吊顶内进行电路连接作业。装修工作人员在作业时发现设备无电源接入，在未进行电源确认的情况下，便将配电柜内电源开关合上，致使在天花吊顶内作业的龚某触电身亡。违规作业触电事故现场如图8-12所示。

图8-12　违规作业触电事故现场

2. 事故原因

（1）直接原因：龚某无证作业，未遵守电工安全操作规程，包括：作业时未穿戴个人劳动保护用品，在进行断电作业时，未进行上锁／挂牌等；

（2）装修工人临时用电未按"一机一箱一闸一漏"设置，交叉作业设备共用电源线路及控制形状；

（3）工程负责人未对作业人员进行用电安全的现场培训，未对作业现场进行安全隐患排查，未做好作业人员资质审查，以及对临时用电作业规程未做好相关的管控防范措施。

附录1 施工现场安全标识

我国安全标识通过不同的安全色来表达禁止、警告、指令等安全信息含义，安全色的作用是使人能够迅速发现和分辨安全标志，提醒人们注意安全，预防发生安全事故。我国安全色标准规定红、黄、蓝、绿四种颜色为安全色。

1. 红色：禁止标志。红色用来表示危险、禁止、停止。机器设备上的紧急停止手柄或按钮以及禁止触动的部位通常用红色，有时也表示防火。

2．黄色：警告标志。黄色与黑色组成的条纹是视认性最高的色彩，所以被选为警告色，含义是警告和注意。如场内危险机器和警戒线，行车道中线，安全帽等。

当心中毒

当心感染

当心触电

当心电缆

当心机械伤人

当心伤手

当心扎脚

当心吊物

当心坠落

当心落物

当心坑洞

当心烫伤

当心弧光

当心塌方

当心冒顶

当心瓦斯

当心电离辐射

当心裂变物质

当心激光

当心微波

当心车辆　　当心火车　　当心滑跌　　当心绊倒

3. 蓝色：指令标志。蓝色为含指令标志的颜色，即必须遵守。

必须戴防护眼镜　必须戴防毒面具　必须戴防尘口罩　必须戴护耳器

必须戴安全帽　必须戴防护帽　必须戴防护手套　必须穿防护鞋

必须系安全带　必须穿救生衣　必须穿防护服　必须加锁

4. 绿色：绿色提示安全信息，含义是提示，表示安全状态或可以通过。车间内的安全通道，行人和车辆通行标志，消防设备和其他安全防护设备的位置都用绿色。

紧急出口 a

紧急出口 b

可动火区

避险处

应急避难场所
EVACUATION ASSEMBLY POINT

急救点
FIRST AID

应急电话

火警电话

灭火器
FIRE EXTINGUISHER

地上消火栓

地下消火栓

消防水泵接合器
Siamese Comention

附录 2　体验考核参考答案

第二章　个人安全防护体验考核

一、填空题

1. 生产许可证　产品合格证　安全鉴定证；　2. 防扎　防砸　绝缘；　3. 挂环；4. 85；　5. 氧气、有害气体、可燃性气体、粉尘；　6. 高挂低用；　7. 绝缘鞋　绝缘手套；　8. 安全帽　安全带　安全网

二、选择题

1. B；　2. A；　3. C；　4. D；　5. C；　6. D；　7. C；　8. A

三、判断题

1. ×；　2. √；　3. ×；　4. √；　5. ×；　6. √

四、简答题

略

第三章　建筑施工机械体验考核

一、填空题

1. 6；　2. 拆装资历证书；　3. 2；　4. 六级　回转机构的制动器；　5. 2.2；　6. 5；　7. 10

二、选择题

1. C；　2. B；　3. C；　4. A；　5. B；　6. A；　7. C；　8. B

三、判断题

1. ×；　2. √；　3. √；　4. ×；　5. √；　6. √

四、简答题

略

第四章　建筑施工临时用电体验考核

一、填空题

1. 一机、一闸、一漏、一箱；　2. 采用三级配电系统　采用 TN-S 接零保护系统采用二级漏电保护系统；　3. 10；　4. 正在检修，不得合闸；　5. 关闭开关、切断电源；木棒、皮带、橡胶制品等绝缘物品；　6. 30；　7. 接地；　8. 36

二、选择题

1. C；　2. B；　3. C；　4. A；　5. B；　6. A；　7. B；　8. B

三、判断题

1. √；　2. ×；　3. √；　4. ×；　5. √；　6. √；　7. ×；　8. ×
9. √

四、简答题

略

第五章　消防安全体验考核

一、填空题

1. 预防为主　防消结合；　2. 提，拉，瞄，喷；　3. 绿；　4. 清水灭火器，泡沫灭火器，干粉灭火器，二氧化碳灭火器；　5. 二氧化碳灭火器；　6. 119；
7. 操作证　动火证；　8. 扑灭初期火灾和保护人身安全；　9. 不燃或难燃

二、选择题

1. C；　2. B；　3. A；　4. B；　5. A；　6. D

三、判断题

1. ×；　2. ×；　3. √；　4. ×；　5. ×；　6. √；　7. √；　8. ×

四、简答题

略

第六章　建筑施工高处作业体验考核

一、填空题

1. 有明显变形、裂纹和严重锈蚀；　 2. 牢固的盖板、防护栏杆、安全网；
3. 80mm；　 4. 防护栏杆　登高扶梯；　 5. 5m　护笼；梯间平台；　 6. 100；
7. 1.2；　 8. 24

二、选择题

1. A；　 2. A；　 3. B；　 4. C；　 5. C；　 6. A；　 7. B；　 8. C

三、判断题

1. ×；　 2. ×；　 3. √；　 4. ×；　 5. ×；　 6. ×；　 7. √；　 8. ×
9. √

四、简答题

略

参考文献

[1] 何国家. "说教式"转向"体验式"，让安全教育深入人心 [N]. 中国安全生产报, 2017-08-18
（006）.

[2] 张伟，余洋. 基于 VR 技术的体验式建筑安全培训的应用研究 [J]，第 30 届全国高校安全科学与工程学术年会暨第 12 届全国安全工程领域专业学位研究生教育研讨会，2018 年 10 月.

[3] 王萍，元黎明. 基于 VR 技术的建筑工程体验式安全培训的 SWOT 分析 [J]. 建筑安全，2018，33（06）：23-26.

[4] 胡春明. 体验式培训：让施工安全教育不再"纸上谈兵" [J]. 中华建设，2017（09）：48-51.

[5] 戴晓亚. 体验式安全培训为城市副中心工程安全保驾护航 [J]. 劳动保护，2017（09）：76-77.

[6] 王明虎，王璐. 建筑施工现场体验式安全教育探索 [J]. 低碳世界，2017（26）：204-205.

[7] 彭向伟. 浅议体验式安全培训在地铁施工中的应用 [J]. 中国高新技术企业，2016（10）：182-184.

[8] 王静宇. 工程建设项目体验式安全培训模式开发与应用研究 [D]. 首都经济贸易大学，2016.

[9] 陈卫卫. 建筑施工事故 VR 体验场景设计及其应用 [D]. 首都经济贸易大学，2018.

[10] 中铁十一局定制 BIM+VR 安全体验馆 [J]. 中国建设信息化，2017（18）：7.

[11] 阳阳，刘雪娇. 广西路建工程集团推出 VR 智能安全体验馆 [J]. 中国公路，2017（14）：95.

[12] 王洪雨，苏国胜，李欣，张丽萍，赵英杰. 国内外移动体验式安全培训现状与分析 [J]. 安全、健康和环境，2016，16（12）：1-3+8.

[13] 杨金锋. 体验式安全培训中心的典型构成 [J]. 城乡建设, 2017（16）：24.

[14] 李晓君，刘晓斐，王洋，姜新，李方印. 体验式安全培训方式的探索与实践 [J]. 吉林劳动保护，2015（10）：23-25.

[15] 周丹. 中国 VR 技术发展现状、应用前景与对策研究 [J]. 电脑知识与技术，2018，14（20）：254-256.

[16] 毕莹莹，苏鑫. VR 技术在建筑安全中的作用 [J]. 建筑安全，2018，33（08）：29-32.

113